André Schmidt

Strategisches Betriebliches Gesundheitsmanagement

Ein Balanced-Scorecard-Ansatz

André Schmidt

Strategisches Betriebliches Gesundheitsmanagement

Ein Balanced-Scorecard-Ansatz

ibidem-Verlag
Stuttgart

Bibliografische Information der Deutschen Nationalbibliothek
Die Deutsche Nationalbibliothek verzeichnet diese Publikation in der Deutschen Nationalbibliografie; detaillierte bibliografische Daten sind im Internet über http://dnb.d-nb.de abrufbar.

Bibliographic information published by the Deutsche Nationalbibliothek
Die Deutsche Nationalbibliothek lists this publication in the Deutsche Nationalbibliografie; detailed bibliographic data are available in the Internet at http://dnb.d-nb.de.

∞

Gedruckt auf alterungsbeständigem, säurefreien Papier
Printed on acid-free paper

ISBN-13: 978-3-8382-0836-7

© *ibidem*-Verlag
Stuttgart 2015

Printed in Germany

Inhaltsverzeichnis

Abbildungsverzeichnis 7

Tabellenverzeichnis 8

Abkürzungsverzeichnis 9

1. Einleitung 11

2. Ziel und Aufbau der Arbeit 15

3. Gesundheit als Managementaufgabe 19

   3.1 Definition von Gesundheit 19

   3.2 Zusammenhang von Arbeit, Gesundheit und Unternehmenserfolg 21

   3.3 Systematisierung gesundheitsbezogener Interventionen im Betrieb 23

   3.4 Formen des gesundheitsbezogenen Handelns im Betrieb 25

   3.5 Betriebliches Gesundheitsmanagement 27

4. Grundlagen der Balanced Scorecard 33

   4.1 Entstehung des BSC-Konzepts 33

   4.2 Grundmodell der BSC 34

   4.3 Nutzenpotenziale der BSC 37

   4.4 Bewertung des BSC-Konzepts 40

5. Anwendung des BSC-Konzepts im Betrieblichen Gesundheitsmanagement ... 43

   5.1 Vereinbarkeit von BGM und BSC 44

   5.2 Ansätze zur Integration von Gesundheitsaspekten in die BSC 46

      5.2.1 Eingliederung in die klassischen BSC-Perspektiven 47

      5.2.2 Erweiterung der BSC um eine Gesundheitsperspektive 50

      5.2.3 Erstellung einer eigenständigen Gesundheits-BSC 52

      5.2.4 Vergleich der Integrationsansätze und Klärung ihres Verhältnisses 54

   5.3 Entwicklung einer Gesundheits-BSC 58

      5.3.1 Schaffung eines organisatorischen Rahmens 58

      5.3.2 Erarbeitung einer Gesundheitsstrategie 61

5.3.3 Festlegung des Perspektivenaufbaus 63

5.3.4 Übersetzung der Gesundheitsstrategie in ein ausgewogenes
Zielsystem 66

5.3.5 Festlegung von Messgrößen, Zielwerten und Maßnahmen 69

5.4 Effekte der Integration einer Gesundheits-BSC in das Führungs- und
Steuerungssystem 74

5.4.1 Unterstützung der Strategiekommunikation 74

5.4.2 Strategieorientierte Ausrichtung des Mitarbeiterführungssystems ... 76

5.4.3 Verknüpfung von strategischer und operativer Planung 78

5.4.4 Ermöglichung strategischer Kontroll- und Lernprozesse 80

5.5 Kritische Würdigung der Anwendung des BSC-Konzepts im BGM 84

6. Zusammenfassung und Ausblick 89

Literaturverzeichnis 93

Abbildungsverzeichnis

Abb. 1: Gedankenflussplan der Arbeit 17

Abb. 2: Zusammenhang zwischen Gesundheit und Unternehmenserfolg 22

Abb. 3: Grundmodell der Balanced Scorecard 35

Abb. 4: BSC als strategischer Handlungsrahmen 39

Abb. 5: Typische Akteurskonstellation im BGM 59

Abb. 6: Erarbeitung einer Gesundheitsstrategie 63

Abb. 7: Beispiel einer Strategy Map für das BGM 69

Abb. 8: Gesundheits-BSC als Handlungsrahmen für Managementprozesse 84

Tabellenverzeichnis

Tab. 1: Gegenüberstellung personen- und bedingungsbezogener Interventionen 23

Tab. 2: Beispiele für bedingungsbezogene Interventionen im Betrieb 24

Tab. 3: Vergleich der Integrationsansätze 57

Tab. 4: Erarbeitung strategischer Ziele für das BGM 67

Tab. 5: Beispiel einer Gesundheits-BSC 73

Abkürzungsverzeichnis

Abb.	Abbildung
Abs.	Absatz
Abschn.	Abschnitt
aktual.	aktualisiert
ArbSchG	Arbeitsschutzgesetz
Aufl.	Auflage
BDSG	Bundesdatenschutzgesetz
BGBl.	Bundesgesetzblatt
BGF	Betriebliche Gesundheitsförderung
BGM	Betriebliches Gesundheitsmanagement
BSC	Balanced Scorecard
bspw.	beispielsweise
bzgl.	bezüglich
bzw.	beziehungsweise
DGFP	Deutsche Gesellschaft für Personalführung
d. h.	das heißt
DIN	Deutsches Institut für Normung e.V.
durchges.	durchgesehen
EFQM	European Foundation for Quality Management
ENWHP	European Network for Workplace Health Promotion
erg.	ergänzt
erw.	erweitert
EStG	Einkommensteuergesetz
et al.	et alii
e.V.	eingetragener Verein

EVA	Economic Value Added
ggf.	gegebenenfalls
HRM	Human Resource Management
Hrsg.	Herausgeber
i. d. R.	in der Regel
i. V. m.	in Verbindung mit
Kap.	Kapitel
MbO	Management by Objectives
Nr.	Nummer
RoI	Return on Investment
S.	Seite
SGB	Sozialgesetzbuch
sog.	so genannte
Tab.	Tabelle
TQM	Total Quality Management
u. a.	und andere, unter anderem
überarb.	überarbeitet
v. a.	vor allem
vgl.	vergleiche
vollst.	vollständig
WHO	World Health Organization
z. B.	zum Beispiel
z. T.	zum Teil

1. Einleitung

Gesundheit ist nicht nur die persönliche Angelegenheit jedes Einzelnen, sie hat auch eine volks- und betriebswirtschaftliche Dimension. Im Jahr 2013 waren in Deutschland Arbeitnehmer im Durchschnitt 15 Tage arbeitsunfähig, was geschätzt zu Produktionsausfällen in Höhe von 59 Milliarden Euro und einem Ausfall an Bruttowertschöpfung von 103 Milliarden Euro führte (vgl. Bundesanstalt für Arbeitsschutz und Arbeitsmedizin, 2015, S. 1). Hinzu kommen Produktivitätseinbußen durch leistungsmindernde Gesundheitsbeeinträchtigungen bei anwesenden Beschäftigten, die noch höhere volkwirtschaftliche Kosten verursachen (vgl. Badura & Walter, 2014, S. 150; Steinke & Badura, 2011, S. 105). In diesen gesamtwirtschaftlichen Betrachtungen spiegelt sich das einzelbetriebliche Geschehen wider.

Der langfristige Erfolg eines Unternehmens hängt maßgeblich von seinen Mitarbeitern[1] ab (vgl. Ringlstetter & Kaiser, 2008, S. 41). Insofern ist die Pflege der Humanressourcen ein zentraler Baustein zur dauerhaften Sicherung der Wettbewerbsfähigkeit. Damit gerät auch die Gesundheit der Mitarbeiter ins Blickfeld einer nachhaltigen Unternehmensführung (vgl. Thul, 2009, S. 135–137). Hinsichtlich der gesundheitsbedingten Leistungsfähigkeit am Arbeitsplatz ist von einem Kontinuum auszugehen, auf dem die krankheitsbedingte Abwesenheit lediglich einen Extrempunkt markiert (vgl. Ueberle & Greiner, 2009, S. 56). Durch eine Verbesserung der Gesundheitssituation lassen sich daher nicht nur Fehlzeiten und deren Kosten senken, sondern auch die Produktivität der Anwesenden steigern. Diese Erkenntnis verleiht der betrieblichen Gesundheitsarbeit eine Bedeutung, die über gesetzliche Fürsorgepflichten und Aspekte der gesellschaftlichen Verantwortung hinausgeht. Sie wird zum Einflussfaktor für den wirtschaftlichen Erfolg. Zugleich stellen zwei grundlegende Wandlungsprozesse die Gesundheitsarbeit vor neue Herausforderungen: Der Wandel der Arbeitswelt und der demografische Wandel.

Die Entwicklung zur Dienstleistungs- und Wissensgesellschaft geht mit einer wachsenden Bedeutung von geistigen und interaktiven Tätigkeiten einher, die v. a. kogni-

---

[1] Aus Gründen der besseren Lesbarkeit wird in dieser Arbeit lediglich die männliche Schreibweise verwendet. Die Ausführungen beziehen sich gleichermaßen auf weibliche und männliche Personen.

tive, emotionale und soziale Kompetenzen erfordern (vgl. Badura, Walter & Hehlmann, 2010, S. 16). Ein hohes Maß an Kooperation und Selbstorganisation sowie
permanentes Lernen sind angesichts der zunehmenden Komplexität der Arbeit unerlässlich (vgl. ebenda, S. 19). Neue Kommunikationstechnologien erlauben orts- und
zeitungebundenes Arbeiten und tragen damit zur Entgrenzung der Arbeit bei (vgl.
Rudow, 2011, S. 31). Hinzu kommt eine Flexibilisierung der Beschäftigungsformen
(z. B. Leiharbeit, befristete Beschäftigung) und Arbeitsstrukturen (z. B. Projektarbeit), was die Erwerbsarbeit instabiler und die Lebensplanung unsicherer macht (vgl.
Becke, 2012, S. 280–283). Mit dem Wandel der Arbeitswelt verändern sich auch die
arbeitsbedingten Erkrankungsrisiken (vgl. Badura et al., 2010, S. 19). Im Zuge dessen nehmen v. a. psychische und soziale Belastungsfaktoren zu. Diese werden – an-
ders als physische Belastungen – vom traditionellen Arbeits- und Gesundheitsschutz
nicht adäquat erfasst. Angesichts dessen sind neue Ansätze für eine zeitgemäße betriebliche Gesundheitsarbeit erforderlich.

Ferner sind Unternehmen mit dem demografischen Wandel konfrontiert. Die Entwicklung der Altersstruktur in der Bevölkerung schlägt sich auch in der innerbetrieblichen Altersstruktur nieder. Das Durchschnittsalter von Belegschaften wird daher
tendenziell ansteigen. Mit zunehmendem Alter steigt zwar nicht die Anzahl der
Krankheitsfälle, jedoch nimmt die Dauer der krankheitsbedingten Abwesenheiten je
Krankheitsfall erheblich zu (vgl. Nöllenheidt & Brenscheidt, 2014, S. 40). Darüber
hinaus ist bis 2060 in Deutschland mit einem deutlichen Rückgang des Erwerbspersonenpotenzials zu rechnen (vgl. Statistisches Bundesamt, 2015, S. 20–26), was die
Personalgewinnung erschwert und verteuert. Vor diesem Hintergrund wird es für
Unternehmen immer wichtiger, die Gesundheit und Arbeitsfähigkeit ihrer Beschäf-
tigten langfristig zu erhalten.

Das Konzept des Betrieblichen Gesundheitsmanagements trägt diesen Entwicklungen Rechnung, indem es die betriebliche Gesundheitsarbeit auf eine neue Grundlage
stellt. Entsprechend ihrem Bedeutungszuwachs wird die Gesundheit der Mitarbeiter
– ähnlich wie Qualität oder Umwelt – zu einer Managementaufgabe, die Unternehmen unter Anwendung von Managementprinzipien bewältigen. Auf diesem Gebiet
besteht Nachholbedarf, denn gegenwärtig fehlt es der betrieblichen Gesundheitsarbeit zumeist an Zielorientierung und strategischer Ausrichtung (vgl. Badura, Greiner,
Rixgens, Ueberle & Behr, 2013, S. 159–160). Ferner mangelt es an Instrumenten,

die das Betriebliche Gesundheitsmanagement durch eine transparente Darlegung seiner Erfolge betriebswirtschaftlich legitimieren können (vgl. Lück, Eberle & Bonitz, 2009, S. 83).

Um die Potenziale des Betrieblichen Gesundheitsmanagements in einen positiven Beitrag zum Unternehmenswert umzuwandeln, bedarf es zunächst einer klaren Strategie (vgl. Horváth, Gamm & Isensee, 2009, S. 127). Ein komplexes System wie das Betriebliches Gesundheitsmanagement lässt sich nicht ohne Weiteres strategieorientiert steuern. Hierfür ist ein umfassendes Ziel- und Kennzahlensystem erforderlich, das einen ganzheitlichen Ansatz ermöglicht und auf die Strategie ausgerichtet ist. Das Konzept der Balanced Scorecard verfolgt einen solchen Ansatz. Eine Anwendung des Konzepts im Betrieblichen Gesundheitsmanagement setzt eine Integration von gesundheitsbezogenen Inhalten in die Balanced Scorecard voraus. Mit diesem Aspekt befasst sich die vorliegende Arbeit.

2. Ziel und Aufbau der Arbeit

In der Literatur wird die Balanced Scorecard verschiedentlich im Zusammenhang mit der betrieblichen Gesundheitsarbeit erwähnt (vgl. Bienert & Razavi, 2007, S. 100; Fritz & Richter, 2011, S. 127; Hellmann, 2007, S. 336; Thiehoff, 2000, S. 130). Soweit sich Autoren mit einer Verbindung der Konzepte auseinander gesetzt haben, halten sie den Einsatz einer Balanced Scorecard im Betrieblichen Gesundheitsmanagement im Grundsatz für möglich (vgl. Ducki, Bamberg & Metz, 2011, S. 137–140; Uhle & Treier, 2013, S. 203–204; Ulich & Wülser, 2015, S. 226–227). Dagegen wird die konkrete Ausgestaltung dieser Verbindung selten thematisiert und kaum systematisch untersucht.

Angesichts dessen gab das im Auftrag der Bundesanstalt für Arbeitsschutz und Arbeitsmedizin durchgeführte Projekt „Evaluation der betrieblichen Gesundheitsförderung mit Hilfe der Balanced Scorecard am Beispiel eines Unternehmens in der Automobilindustrie" der Forschung in diesem Bereich wichtige Impulse (vgl. Horváth, Gamm, Möller et al., 2009, S. 73–190). Allerdings zeigt der Abschlussbericht weder auf, welche Gestaltungsmöglichkeiten die Balanced Scorecard zur Einbindung gesundheitsbezogener Inhalte bietet, noch, welche Effekte bei Einsatz einer Balanced Scorecard im Betrieblichen Gesundheitsmanagement im Einzelnen zu erwarten sind. Es fehlt damit weiterhin an einer systematischen Herleitung und Bewertung möglicher Ansätze, Gesundheitsaspekte in die Balanced Scorecard zu integrieren. Ziel der Arbeit ist es, diese Lücke zu schließen und die Balanced Scorecard durch die Integration von Gesundheitsaspekten für eine strategieorientierte Steuerung des Betrieblichen Gesundheitsmanagements nutzbar zu machen. Hierfür werden der Arbeit drei forschungsleitende Fragen zugrunde gelegt.

Das Konzept der Balanced Scorecard sieht eine mehrperspektivische Struktur vor, die sich an die unternehmensindividuellen Erfordernisse anpassen lässt. Dies ermöglicht mehrere Varianten zur Einbindung gesundheitsrelevanter Themen. Die *erste* Forschungsfrage lautet daher: Welche Möglichkeiten bestehen, Gesundheitsaspekte in die Balanced Scorecard zu integrieren?

Entscheidet sich ein Unternehmen dafür, das Betriebliche Gesundheitsmanagement mit einer eigenständigen Balanced Scorecard auszustatten, erfordert dies eine umfassende Integration von Gesundheitsaspekten. Jedoch lassen sich Gesundheitsaspekte nicht ohne Weiteres in Balanced Scorecard-Inhalte umwandeln, zumal bei der Entwicklung der Balanced Scorecard die Gegebenheiten des Betrieblichen Gesundheitsmanagements berücksichtigt werden müssen. Dies führt zur *zweiten* Forschungsfrage: Wie wirkt sich eine umfassende Integration von Gesundheitsaspekten auf den Prozess der Entwicklung einer Balanced Scorecard aus?

Sofern die Erstellung einer Gesundheits-Balanced Scorecard gelingt, steht dem Betrieblichen Gesundheitsmanagement ein neues Managementinstrument zur Verfügung. Um auf Managementprozesse einwirken zu können, ist die Gesundheits-Balanced Scorecard in die bestehenden Führungs- und Steuerungssysteme zu integrieren. Darauf bezieht sich die *dritte* Forschungsfrage: Wie wirkt sich die Integration einer Gesundheits-Balanced Scorecard in das Führungs- und Steuerungssystem einer Organisation auf Managementprozesse aus?

Die Arbeit fokussiert das Balanced Scorecard-Konzept im Kontext des Betrieblichen Gesundheitsmanagements. Bezüglich anderer populärer Managementkonzepte wie Lean Management, Six Sigma oder Business Reengineering sind weder inhaltliche Berührungspunkte mit dem Betrieblichen Gesundheitsmanagement noch entsprechende Anwendungserfahrungen ersichtlich. Infolgedessen wird hierauf nicht weiter eingegangen.

Die Ausführungen sind in sechs Kapitel untergliedert. Nach der zum Thema hinführenden Einleitung (Kap. 1) werden Ziel und Aufbau der Arbeit beschrieben (Kap. 2). Sodann wird der Gesundheitsbegriff geklärt, gesundheitsbezogenes Handeln im betrieblichen Kontext erläutert und der Begriff *Betriebliches Gesundheitsmanagement* definiert (Kap. 3). Anschließend werden die Grundzüge des Balanced Scorecard-Konzepts skizziert und bewertet (Kap. 4). Darauf folgend werden das Betriebliche Gesundheitsmanagement und das Balanced Scorecard-Konzept zusammengeführt, wobei die strukturellen und prozessualen Implikationen dieser Verbindung im Mittelpunkt stehen (Kap. 5). Die Arbeit schließt mit der Zusammenfassung der wesentlichen Ergebnisse sowie einem Blick auf zukünftige Entwicklungen ab (Kap. 6). Abbildung 1 veranschaulicht die Vorgehensweise.

```
┌─────────────────────────────────────────────────────┐
│ 1. Einleitung                                         │
└─────────────────────────────────────────────────────┘
                          ↓
┌─────────────────────────────────────────────────────┐
│ 2. Ziel und Aufbau der Arbeit                         │
└─────────────────────────────────────────────────────┘
```

3. Gesundheit als Managementaufgabe	4. Grundlagen der Balanced Scorecard
3.1 Definition von Gesundheit	4.1 Entstehung des BSC-Konzepts
3.2 Zusammenhang von Arbeit, Gesundheit und Unternehmenserfolg	4.2 Grundmodell der BSC
3.3 Systematisierung gesundheitsbezogener Interventionen im Betrieb	4.3 Nutzenpotenziale der BSC
3.4 Formen des Gesundheitshandelns im Betrieb	4.4 Bewertung des BSC-Konzepts
3.5 Betriebliches Gesundheitsmanagement	

5. Anwendung des BSC-Konzepts im BGM

5.1 Vereinbarkeit von BGM und BSC

5.2 Ansätze zur Integration von Gesundheitsaspekten in die BSC

5.3 Entwicklung einer Gesundheits-BSC

5.4 Effekte der Integration einer Gesundheits-BSC in das Führungs- und Steuerungssystem

5.5 Kritische Würdigung der Anwendung des BSC-Konzepts im BGM

6. Zusammenfassung und Ausblick

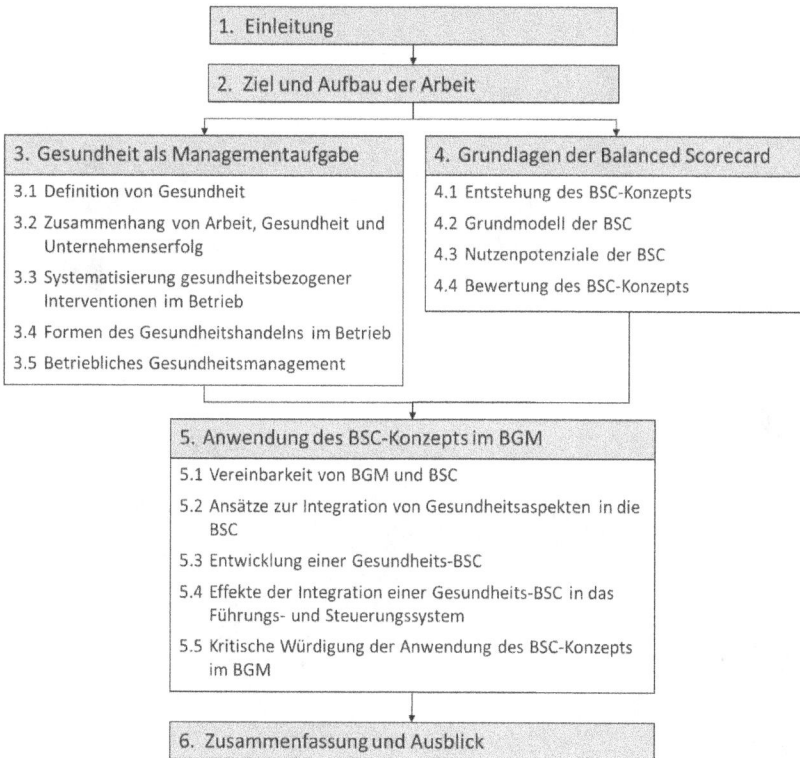

Abb. 1: Gedankenflussplan der Arbeit (eigene Darstellung)

3. Gesundheit als Managementaufgabe

Nach der Zielsetzung der Arbeit sind Gesundheitsaspekte und BGM Bestandteil der Untersuchung. Daher wird zunächst dieser Teilkomplex beleuchtet. Das Kapitel beschäftigt sich mit dem Gesundheitsbegriff, dem Zusammenhang von Arbeit, Gesundheit und Unternehmenserfolg, den Einwirkungsmöglichkeiten von Unternehmen auf die Gesundheit ihrer Mitarbeiter sowie der Verbindung der betrieblichen Gesundheitsarbeit mit einem Managementansatz.

3.1 Definition von Gesundheit

BGM erfordert eine klare Vorstellung im Unternehmen, was unter Gesundheit zu verstehen ist (vgl. Ulich & Wülser, 2015, S. 27). Eine allgemeingültige Definition von Gesundheit gibt es nicht (vgl. Franke, 2012, S. 24; Hurrelmann & Richter, 2013, S. 119). Das traditionelle Gesundheitsverständnis beschränkt sich auf eine biomedizinische Sichtweise, wonach Gesundheit als Abwesenheit von Krankheit definiert wird (vgl. Braun, 2004, S. 44–45). Dem liegt ein dichotomes Konzept zugrunde, d. h. Gesundheit und Krankheit werden als sich gegenseitig ausschließende Zustände betrachtet (vgl. Franke, 2012, S. 99). Die Definition wird dafür kritisiert, dass sie zum einen Gesundheit nur negativ abgrenzt, aber nicht positiv bestimmt und zum anderen psychosoziale Determinanten außer Acht lässt (vgl. Klotter, 1999, S. 44).

Große Verbreitung fand die Begriffsbestimmung der Weltgesundheitsorganisation, die in der Präambel ihrer Verfassung Gesundheit als "a state of complete physical, mental and social well-being and not merely the absence of disease or infirmity" (World Health Organization, 1948, S. 100) definierte. Der Gesundheitsbegriff löste sich damit von einer ausschließlich biomedizinischen Sicht und wurde mehrdimensional bestimmt: Gesundheit umfasst eine körperliche, geistige und soziale Dimension (vgl. Hurrelmann & Franzkowiak, 2011, S. 101). Auch die Definition der WHO wird z. T. kritisch gesehen. Hauptkritikpunkte sind die Übertonung subjektiver Aspekte, die utopische Zielvorstellung eines völligen Wohlbefindens, die zu abstrakte Mehrdimensionalität sowie das statische Denken in den beiden Extrempolen Gesundheit und Krankheit (vgl. Hurrelmann & Richter, 2013, S. 118–119).

Auf dem Weg zu einem neuen Gesundheitsverständnis lieferte das salutogenetische Modell von Antonovsky (vgl. 1985, S. 182–197) wichtige Impulse. Der Terminus

Salutogenese wurde als Gegenbegriff zur etablierten Pathogenese eingeführt (vgl. ebenda, S. 12–13).[2] Während pathogenetische Ansätze die Entstehung und Entwicklung von Krankheit beleuchten, beschäftigen sich salutogenetische Ansätze mit der Erhaltung und Förderung von Gesundheit (vgl. Franke, 2012, S. 169). Von herausragender Bedeutung für die Entwicklung des Gesundheitsverständnisses waren die prozess- und ressourcenorientierte Sichtweise sowie die Abkehr vom dichotomen Konzept. An dessen Stelle trat das Konzept eines Kontinuums mit den Polen Gesundheit und Krankheit (vgl. Hurrelmann & Richter, 2013, S. 124–125).

Der Status einer Person im Gesundheits-Krankheits-Kontinuum ist kein stabiler Gleichgewichtszustand, sondern muss in der permanenten Auseinandersetzung mit krankmachenden Einflüssen immer wieder neu ausbalanciert werden (vgl. Bengel, Strittmatter & Willmann, 2001, S. 85; Franzkowiak, 2011, S. 298). In diesem dynamischen Regulationsprozess zeigt sich Gesundheit in der Fähigkeit, Ungleichgewichte zu bewältigen (vgl. Greiner, 1998, S. 44). Hierbei ermöglichen es individuelle und gesellschaftliche Widerstandsressourcen einer Person, mit den auf sie einwirkenden Reizen konstruktiv umzugehen, sodass diese ihr pathogenes Potenzial nicht entfalten können (vgl. Franke, 2012, S. 173–174). Die dabei entscheidende Moderatorvariable ist das Kohärenzgefühl, welches von der Verstehbarkeit, Handhabbarkeit und Sinnhaftigkeit bestimmt wird (vgl. Antonovsky, 1987, S. 16–22). Teilweise werden Ergänzungen dieser Trias für notwendig erachtet, z. B. eine Einbeziehung der Dimension der Emotionen (vgl. Badura, 2006, S. 27–28). Gleichwohl wird das Salutogenese-Modell in der Literatur überwiegend positiv bewertet (vgl. Hurrelmann & Richter, 2013, S. 126).

Vor diesem Hintergrund lässt sich Gesundheit als „Fähigkeit zur Problemlösung und Gefühlsregulierung, durch die ein positives seelisches und körperliches Befinden – insbesondere ein positives Selbstwertgefühl – und ein unterstützendes Netzwerk sozialer Beziehungen erhalten oder wieder hergestellt wird" (Badura et al., 2010, S. 32) definieren. In diesem Zusammenhang vereint Problemlösungskompetenz die persönlichen Fähigkeiten zur Sinngebung, zum Verstehen und zur Bewältigung der eigenen Lebens- und Arbeitsbedingungen (vgl. ebenda, S. 32). Im Ergebnis wird damit der

---

[2] Der Ausdruck *Salutogenese* leitet sich vom lateinischen Wort *salus* (Gesundheit, Heil, Wohlbefinden) und dem griechischen Wort *genesis* (Entstehung, Geburt) ab.

Gesundheitsbegriff positiv, biopsychosozial, mehrdimensional und prozessorientiert bestimmt, wodurch einem erweiterten Gesundheitsverständnis Rechnung getragen wird (vgl. Greiner, 1998, S. 40–45). Aufgrund dessen wird diese Gesundheitsdefinition auch der vorliegenden Arbeit zugrunde gelegt.

3.2 Zusammenhang von Arbeit, Gesundheit und Unternehmenserfolg

Gesundheit ist multideterminiert, d. h. sie wird durch eine Vielzahl von Faktoren bestimmt (vgl. Bamberg, Mohr & Busch, 2012, S. 131). Hierzu gehören z. B. die genetische Ausstattung, das Gesundheitsverhalten und die sozialen Beziehungen. Alle Lebensbereiche eines Menschen wirken sich auf seine Gesundheit aus – auch das Erwerbsleben und die dabei verrichtete Arbeit. In Abgrenzung zu Freizeitaktivitäten wird *Arbeit* hier als Erwerbsarbeit verstanden. Sie wird gegen Entgelt ausgeführt und steht typischerweise in einem institutionellen Kontext, der mit Aufgabenteilung und Hierarchie verbunden ist (vgl. Semmer & Meier, 2014, S. 561).

Der Einfluss von Arbeit auf die Gesundheit ist ambivalent. Einerseits erfüllt Arbeit psychosoziale Funktionen (z. B. Erfolgserlebnisse, Lernchancen, soziale Anerkennung, Kontakte) und leistet damit einen Beitrag zur Erhaltung der Gesundheit (vgl. Rigotti & Mohr, 2011, S. 70). Dies zeigt sich nicht zuletzt daran, dass sich bei Eintritt in die Arbeitslosigkeit die psychische Gesundheit oft verschlechtert (vgl. Hollederer, 2006, S. 221). Überdies wird der Arbeitslosigkeit ein unabhängiger kausaler Effekt auf das erhöhte Mortalitätsrisiko von Arbeitslosen zugeschrieben (vgl. ebenda, S. 220). Andererseits sind mit Arbeit auch Belastungen verbunden, die über negative Beanspruchungen zu gesundheitlichen Beeinträchtigungen führen können.

In den deutschsprachigen Arbeitswissenschaften hat sich zur Belastungs-Beanspruchungsthematik ein weitgehend einheitliches Begriffsverständnis durchgesetzt: Unter *Belastung* werden alle Einflüsse verstanden, die von außen auf den Menschen einwirken (vgl. Semmer & Meier, 2014, S. 578). Die Auswirkungen der Belastungen auf den Menschen werden als *Beanspruchung* bezeichnet (vgl. ebenda, S. 578). Im Arbeitsleben ist jeder Mensch mit einer Vielzahl an Belastungen konfrontiert, die bspw. von der Arbeitsaufgabe, der Arbeitsorganisation oder der Arbeitsumgebung ausgehen. Die jeweilige Beanspruchung hängt davon ab, wie der Einzelne mit der Belastung umgeht und diese bewältigt. Maßgeblich für die Bewältigungsmöglichkeiten einer Person sind die ihr zur Verfügung stehenden Ressourcen. Hierbei können personale Ressourcen (z. B. Kohärenzgefühl), organisationale Ressourcen (z. B. Handlungsspielraum, Partizipationsmöglichkeiten) und soziale Ressourcen (z. B. soziale Unterstützung) unterschieden werden (vgl. Udris, 2006, S. 6–7).

Der Zusammenhang von Arbeit und Gesundheit erschließt die Gesamtthematik aus Unternehmenssicht nur unvollständig. Erst durch eine Verbindung von Mitarbeitergesundheit und Unternehmenserfolg wird die betriebswirtschaftliche Dimension von Gesundheitsaspekten einbezogen. Die Leistungsfähigkeit von Mitarbeitern wird maßgeblich von ihrer Gesundheit beeinflusst (vgl. Schraub et al., 2009, S. 107; Siller & Cibak, 2014, S. 157). Gesundheitsbeeinträchtigungen führen über eine verminderte Leistungsfähigkeit zu Produktivitätseinbußen (vgl. Schmidt & Kastner, 2011, S. 134–135; Schneider, 2010, S. 41) und finden somit im Unternehmensergebnis ihren Niederschlag. Abbildung 2 veranschaulicht dies.

| Gesundheit | ⇨ | Leistungs-fähigkeit | ⇨ | Produktivität | ⇨ | Unternehmens-erfolg |

Abb. 2: Zusammenhang zwischen Gesundheit und Unternehmenserfolg (eigene Darstellung)

Die aufgezeigten Zusammenhänge verdeutlichen, dass Gesundheit nicht mit Arbeitsfähigkeit im arbeitsrechtlichen Sinne gleichgesetzt werden darf. Durch Gesundheitsbeeinträchtigungen ihrer Mitarbeiter entstehen Unternehmen stets Kosten, d. h. nicht nur im Falle der Abwesenheit (Kosten durch Fehlzeiten), sondern auch bei Anwesenheit[3] der Mitarbeiter (Kosten durch verminderte Leistungsfähigkeit; vgl. Ueberle & Greiner, 2009, S. 56). Oftmals sind die Kosten krankheitsbedingter Einschränkungen der Arbeitsproduktivität deutlich höher als durch krankheitsbedingte Fehlzeiten (vgl. Steinke & Badura, 2011, S. 105). Letztlich ist jede Änderung des Gesundheitsstatus der Mitarbeiter erfolgsrelevant. Infolgedessen ist es aus betriebswirtschaftlicher Sicht rational, die Erhaltung und Verbesserung der Mitarbeitergesundheit zur Unternehmensaufgabe zu machen.

Zusammenfassend wird festgehalten, dass sich der Gesundheitszustand einer erwerbstätigen Person zwar nicht allein über die Lebensdomäne Erwerbsarbeit erklären lässt, jedoch die Arbeitsbedingungen hierauf einen bedeutsamen Einfluss

---

[3] Das Verhalten, trotz einer Erkrankung zur Arbeit zu gehen, wird als *Präsentismus* bezeichnet (vgl. Schmidt & Schröder, 2010, S. 93).

ausüben (vgl. Rigotti & Mohr, 2011, S. 76). Der Gesundheitsstatus eines Mitarbeiters wirkt sich wiederum auf seine Arbeitsleistung aus, wodurch die Thematik aus Unternehmenssicht Erfolgsrelevanz erlangt.

3.3 Systematisierung gesundheitsbezogener Interventionen im Betrieb

Angesichts der vielfältigen Einflüsse des betrieblichen Kontexts auf die Gesundheit der Mitarbeiter können gesundheitsbezogene Interventionen an unterschiedlichen Punkten ansetzen. Die in der Literatur immer noch verbreitete Differenzierung in Verhaltens- und Verhältnisprävention ist zum einen missverständlich (vgl. Faller, 2012, S. 24; Kuhn, 2012, S. 30), da der Begriff (Krankheits-)Prävention in Abgrenzung zu Gesundheitsförderung verwendet wird (vgl. Hurrelmann, Klotz & Haisch, 2014, S. 13–14). Zum anderen ist die dichotome Konzeption überholt, die Verhalten und Verhältnisse voneinander trennt (vgl. Faller, 2012, S. 23). In Anbetracht dessen werden hier nach dem Ansatzpunkt der Veränderung personen- und bedingungsbezogene Maßnahmen unterschieden (vgl. Tab. 1), wobei die Zweiteilung als akzentuierend zu verstehen ist und sich auf den jeweiligen Interventionsschwerpunkt bezieht.

	Personenbezogene Interventionen	Bedingungsbezogene Interventionen
Bezugspunkt	einzelne Personen	Arbeitssysteme, Personengruppen
Wirkungsebene	individuelles Verhalten	organisationales, soziales und individuelles Verhalten
Effekte auf den Mitarbeiter	Gesundheit und Leistungsfähigkeit	positives Selbstwertgefühl, Kompetenz, Kohärenzerleben, Selbstwirksamkeit, internale Kontrolle, Gesundheit, Motivation und Leistungsfähigkeit
Effekte auf den Betrieb	Reduzierung krankheitsbedingter Fehlzeiten	Verbesserung von Produktivität, Qualität, Flexibilität und Innovationsfähigkeit, geringere Fehlzeiten und Fluktuation
Effektdauer	kurz- bis mittelfristig	mittel- bis langfristig

Tab. 1: Gegenüberstellung personen- und bedingungsbezogener Interventionen (vgl. Ulich, 2011, S. 548)

Personenbezogene Interventionen richten sich auf den einzelnen Mitarbeiter und dessen Verhalten. Sie dienen dem Aufbau und der Entwicklung personaler Ressourcen (vgl. Metz, 2011, S. 202). Beschäftigte werden dabei unterstützt, gesundheitsschädliche Verhaltensmuster zu erkennen und zu ändern sowie sich gesundheitsförderliche Verhaltensweisen anzueignen (vgl. Oppolzer, 2010, S. 54). Die Maßnahmen beinhalten v. a. Information, Anleitung, Motivation und praktisches Training (vgl. Slesina, 2001, S. 17–18). Als Beispiele sind Angebote wie Ernährungsberatung, Drogenaufklärung, Rückenschule, Entspannungskurse sowie Seminare zu Konflikt- und Zeitmanagement zu nennen.

Bedingungsbezogene Interventionen setzen an den Arbeitsbedingungen an. Sie zielen darauf ab, die Arbeitssituation so zu gestalten, dass Krankheitsrisiken vermieden und Gesundheitsressourcen gestärkt werden (vgl. Oppolzer, 2010, S. 54). Die Arbeitsbedingungen bieten eine Vielzahl an gesundheitsrelevanten Interventionsmöglichkeiten (vgl. Tab. 2).

Gestaltungsbereich	Beispiele für gesundheitsrelevante Maßnahmen
Arbeitsaufgabe	Erhöhung der Anforderungsvielfalt, Ganzheitlichkeit, Bedeutsamkeit, Autonomie und Rückmeldung
Arbeitsplatz	Anschaffung ergonomischer Büromöbel
Arbeitsumgebung	Reduzierung von Lärm, Schaffung eines behaglichen Raumklimas
Arbeitsmittel	Regelmäßige Sicherheitsüberprüfung der Werkzeuge
Arbeitsorganisation	Einführung von Gruppenarbeit, Job Enrichment, Job Enlargement
Arbeitszeit	Angebot von Teilzeitmodellen, gleitende Arbeitszeit
Mitarbeiterführung	Ausbau von Unterstützung und Partizipation der Mitarbeiter
Entgeltsystem	Steigerung der Leistungsgerechtigkeit der Entlohnung
Unternehmenskultur	Verankerung von Wertschätzung und Anerkennung im Leitbild

Tab. 2: Beispiele für bedingungsbezogene Interventionen im Betrieb (eigene Darstellung)

Aufgrund wechselseitiger Einflüsse sollten die beiden Interventionsarten nicht isoliert voneinander betrachtet werden (vgl. Braun, 2004, S. 89). Zum einen erfordern Veränderungen der Arbeitsbedingungen häufig eine Anpassung des Verhaltens. Zum anderen können bestimmte personenbezogene Maßnahmen ihre volle Wirkung erst entfalten, wenn die organisationalen Rahmenbedingungen angepasst werden (vgl. Bamberg, Ducki & Metz, 2011, S. 124). Trotz der Wechselwirkungen von personen- und bedingungsbezogenen Maßnahmen sind in der Praxis integrierte Modelle wenig verbreitet, stattdessen dominieren personenbezogene Interventionen (vgl. Bamberg & Staar, 2014, S. 548; Ulich & Wülser, 2015, S. 15).

Die Vielfalt der Maßnahmen und ihre Interdependenzen unterstreichen die Komplexität der Gesundheitsarbeit im Betrieb. Ferner sind unterschiedliche Zuständigkeiten betroffen, was z. T. durch die traditionelle Gliederung des gesundheitsbezogenen Handelns bedingt ist.

3.4 Formen des gesundheitsbezogenen Handelns im Betrieb

Die Thematik der Mitarbeitergesundheit wird im Betrieb in unterschiedlichen Zusammenhängen behandelt. In der Literatur werden v. a. zwei Formen des gesundheitsbezogenen Handelns differenziert: Der Arbeits- und Gesundheitsschutz und die Betriebliche Gesundheitsförderung, die sich hinsichtlich ihrer Wurzeln und Entstehungskontexte unterscheiden (vgl. Faller & Faber, 2012, S. 39). Da beide für das Betriebliche Gesundheitsmanagement relevant sind, werden sie nun in Grundzügen vorgestellt.[4]

Der Arbeits- und Gesundheitsschutz entstand im 19. Jahrhundert und beruht auf gesetzlichen Vorschriften (vgl. Bienert & Razavi, 2007, S. 55). Prägend für den traditionellen Arbeits- und Gesundheitsschutz ist ein naturwissenschaftlich-technisches Selbstverständnis (vgl. Faller, 2012, S. 22). Das Betriebsgeschehen wird aus einer pathogenetischen Perspektive betrachtet, um Gefahren für die physische Gesundheit der Mitarbeiter zu erkennen. Arbeitsschutzmaßnahmen haben i. d. R. präventiven Charakter und zielen darauf ab, Arbeitsunfälle und Berufskrankheiten zu verhindern

---

[4] Die Ausführungen beziehen sich auf die Gegebenheiten in Deutschland.

(vgl. ebenda, S. 22). Arbeitgeber sind zur Durchführung des Arbeitsschutzes recht-
lich verpflichtet und unterliegen diesbezüglich einer Kontrolle durch Aufsichtsbe-
hörden (vgl. Oppolzer, 2010, S. 43–45).

Die Entwicklung der Betrieblichen Gesundheitsförderung begann in der zweiten
Hälfte der 1980er Jahre unter dem Einfluss der WHO[5] sowie unterstützt durch die
Träger der gesetzlichen Krankenversicherung (vgl. ebenda, S. 69–70). Ausgehend
von einer salutogenetischen Sichtweise und einem erweiterten Gesundheitsverständnis verfolgt die Betriebliche Gesundheitsförderung das Ziel, die gesundheitsrelevanten Belastungen der Mitarbeiter zu senken und ihre Gesundheitsressourcen zu meh-
ren (vgl. Rosenbrock & Hartung, 2011, S. 231). Dazu sollen die Arbeitsorganisation
und die Arbeitsbedingungen verbessert, eine aktive Mitarbeiterbeteiligung gefördert
und die persönlichen Kompetenzen gestärkt werden (vgl. ENWHP, 2007, S. 2). Eine
gesetzliche Verpflichtung zur Betrieblichen Gesundheitsförderung besteht für Unternehmen nicht.

Im Zuge der Entwicklung der Betrieblichen Gesundheitsförderung erfuhr auch der
Arbeits- und Gesundheitsschutz eine Modernisierung. Das 1996 in Kraft getretene
Arbeitsschutzgesetz (ArbSchG) legt ein erweitertes Gesundheitsverständnis zugrunde, das auch psychosoziale Aspekte einbezieht (vgl. Kohte, 2001, S. 57). Dies
spiegelt sich bspw. in der Verpflichtung des Arbeitgebers zu einer menschengerech-
ten Arbeitsgestaltung wider (§ 3 Abs. 1 i. V. m. § 2 Abs. 1 ArbSchG). Damit wurden
Maßnahmen, die typischerweise der Betrieblichen Gesundheitsförderung zuzurech-
nen sind, in den Arbeitsschutz integriert. Im Ergebnis wurde ein zeitgemäßer Arbeits-
und Gesundheitsschutz geschaffen, der von der Betrieblichen Gesundheitsförderung
nicht mehr trennscharf abgegrenzt werden kann (vgl. Lenhardt & Rosenbrock, 2014,
S. 339–340). Folgerichtig sind beide Bereiche auch in der betrieblichen Praxis zu-
nehmend miteinander verwoben (vgl. Faller & Faber, 2012, S. 40).

---

[5] Zentrales Dokument für das neue Leitbild der Gesundheitsförderung ist die 1986 veröffentlichte
Ottawa-Charta zur Gesundheitsförderung, in der auch der Einfluss der Arbeitswelt auf die Gesundheit betont wird: „Die Art und Weise, wie eine Gesellschaft die Arbeit, die Arbeitsbedingungen und die Freizeit organisiert, sollte eine Quelle der Gesundheit und nicht der Krankheit
sein. Gesundheitsförderung schafft sichere, anregende, befriedigende und angenehme Arbeits-
und Lebensbedingungen" (World Health Organization, 1986, S. 3).

Es wird festgehalten, dass die betriebliche Gesundheitssituation durch vielgestaltige Maßnahmen beeinflusst und in unterschiedlichen Formen behandelt wird. So entsteht eine komplexe Managementaufgabe, zu deren Bewältigung ein geeignetes Managementsystem erforderlich ist.

3.5 Betriebliches Gesundheitsmanagement

Im Hinblick auf die Zielsetzung der Arbeit bedarf es einer Klärung, was unter Betrieblichem Gesundheitsmanagement zu verstehen ist. Die folgenden Ausführungen dienen daher der Definition von Betrieblichem Gesundheitsmanagement sowie der Skizzierung seiner wesentlichen Kennzeichen, Handlungsfelder und Nutzenpotenziale.

Die Entwicklung des Betrieblichem Gesundheitsmanagements ist auch eine Reaktion auf die Praxis der Betrieblichen Gesundheitsförderung: Oftmals dominieren zeitlich befristete Einzelprojekte, die nur wenige Unternehmensbereiche erfassen („Insellösungen") und keinen direkten Bezug zu den Unternehmenszielen aufweisen (vgl. Bienert & Razavi, 2007, S. 61). Infolgedessen wird der Gesundheitsarbeit nur eine geringe strategische Bedeutung beigemessen (vgl. ebenda, S. 61). Die Defizite geben Anlass, die bisherigen Formen des gesundheitsbezogenen Handelns zu bündeln und mit einem Managementansatz zu verbinden.

Eine einheitliche Definition von Betrieblichem Gesundheitsmanagement existiert in der Literatur nicht. Auch eine konsensbasierte Norm liegt noch nicht vor. Mit der im Juli 2012 veröffentlichten Spezifikation DIN SPEC 91020 wurden erste Schritte in diese Richtung unternommen. Im Folgenden werden verschiedene Definitionsansätze vorgestellt und anschließend eine Arbeitsdefinition entwickelt.

Einige Autoren sehen Betriebliches Gesundheitsmanagement als eine Kombination von Arbeits- und Gesundheitsschutz, Betrieblicher Gesundheitsförderung und Management an (vgl. Janssen, Kentner & Rockholtz, 2004, S. 44; Oppolzer, 2010, S. 21). Dies trägt allerdings nicht wesentlich zur Begriffsklärung bei, da Betriebliches Gesundheitsmanagement lediglich durch zwei Handlungsfelder (Arbeits- und Gesundheitsschutz und Betriebliche Gesundheitsförderung) und einen Teilbegriff (Management) ersetzt wird. Badura, Walter und Hehlmann (2010, S. 33) verstehen unter Betrieblichem Gesundheitsmanagement „die Entwicklung betrieblicher Strukturen und Prozesse, die die gesundheitsförderliche Gestaltung von Arbeit und Organisation und die Befähigung zum gesundheitsfördernden Verhalten der Mitarbeiterinnen und Mitarbeiter zum Ziel haben". Hieran lehnt sich auch die Spezifikation DIN SPEC 91020 an, die aber zusätzlich die Kriterien der Systematik und Nachhaltigkeit miteinbezieht: Sie definiert Betriebliches Gesundheitsmanagement als „systematische sowie nachhaltige Schaffung und Gestaltung von gesundheitsförderlichen Strukturen und Prozessen einschließlich der Befähigung der Organisationsmitglieder zu einem eigenverantwortlichen, gesundheitsbewussten Verhalten" (DIN SPEC 91020, 2012, S. 7).

Aus der Forderung eines systematischen Vorgehens in der betrieblichen Gesundheitsarbeit lässt sich die Notwendigkeit eines geeigneten Managementsystems ableiten. Ein Managementsystem umfasst die „Gesamtheit aller organisatorischen und führungstechnischen Maßnahmen, die die Prozesse einer Leistungserstellung beherrschbar machen, ein systematisches Organisationshandeln bewirken und das Erreichen festgelegter Unternehmensziele sicherstellen" (Ritter, 2012, S. 4). Zu diesen Maßnahmen gehören insbesondere aufbauorganisatorische Festlegungen (z. B. Hierarchie, Zuständigkeiten, Befugnisse) und ablauforganisatorische Regelungen wie bspw. Informations- und Entscheidungswege (vgl. ebenda, S. 4). Ein Gesundheitsmanagementsystem schafft damit den organisatorischen Rahmen, innerhalb dessen die betriebliche Gesundheitsarbeit stattfindet. Es sollte nicht isoliert neben vorhandenen Managementsystemen (z. B. Qualitäts- oder Umweltmanagement) stehen, sondern möglichst Bestandteil eines integrierten Managementansatzes sein (vgl. Zink & Thul, 1998, S. 328).

Der Managementbegriff kann in einem funktionalen oder in einem institutionalen Sinn verstanden werden (vgl. Staehle, Conrad & Sydow, 1999, S. 71). Betrieblichem Gesundheitsmanagement liegt ein funktionales Managementverständnis zugrunde, d. h. es geht um die Art und Weise der Aufgabenbearbeitung und nicht um die Personen, die die Aufgaben wahrnehmen (vgl. Thul, 2009, S. 144). Die Anwendung von Managementprinzipien in der betrieblichen Gesundheitsarbeit zeigt sich u. a. an folgenden Merkmalen (vgl. Thul, 2012, S. 217; Zink & Thul, 2007, S. 333):

- Zielorientierung durch Ausrichtung des Handelns an festgelegten Zielen
- Stakeholderorientierung durch Berücksichtigung der Interessen unterschiedlicher Anspruchsgruppen

- Einbindung der Gesundheitsthematik in das Tagesgeschäft durch eine angemessene strategische Verankerung des Betrieblichen Gesundheitsmanagements
- Evolutionäre Weiterentwicklung und kontinuierliche Verbesserung von Konzepten, Instrumenten, Strukturen und Prozessen
- Aufbau geeigneter Regelkreise zur Steuerung der Prozesse des Betrieblichen Gesundheitsmanagements und zur Überprüfung der Effektivität der Ansätze
- Erfolgsmessung mit breit angelegten Kennzahlensystemen, die einem erweiterten Gesundheitsverständnis gerecht werden
- Langfristige, systemische Ansätze, um die Interdependenzen innerhalb des Betrieblichen Gesundheitsmanagements zu berücksichtigen und das Umfeld einzubeziehen
- Einbindung aller relevanten Akteure des Betrieblichen Gesundheitsmanagements, insbesondere Fachexperten, Führungskräfte und Mitarbeiter

Die dargelegten Definitionen beleuchten Betriebliches Gesundheitsmanagement aus unterschiedlichen Blickwinkeln, womit sie zum Gesamtverständnis beitragen. Für diese Arbeit wird Betriebliches Gesundheitsmanagement (BGM) verstanden als die systematische Entwicklung betrieblicher Strukturen und Prozesse unter Anwendung von Managementprinzipien mit dem Ziel, die betriebliche Gesundheitssituation umfassend und dauerhaft zu verbessern.

Damit BGM diesem Anspruch gerecht werden kann, muss es breit angelegt sein. Hierzu gehört ein erweitertes Gesundheitsverständnis, das neben physischen auch psychische und soziale Aspekte berücksichtigt (vgl. Thul, 2009, S. 158). Des Weiteren sind in den Wirkungskreis des BGM sowohl das Verhalten der Mitarbeiter als auch die Verhältnisse von Arbeit und Organisation als gesundheitsbeeinflussende Faktoren einzubeziehen. Dies muss sich in einem weiten Maßnahmenspektrum widerspiegeln, das bedingungs- und personenbezogene Interventionen ermöglicht. Die Planung, Durchführung und Bewertung der Maßnahmen auf der Grundlage von Zielen gehört zu den Hauptaufgaben des BGM (vgl. Bamberg et al., 2011, S. 133).

BGM führt den Arbeits- und Gesundheitsschutz und die Betriebliche Gesundheitsförderung zusammen, wodurch Synergieeffekte erschlossen werden (vgl. Bienert & Razavi, 2007, S. 62; Ulich & Wülser, 2015, S. 12). Weitere Bestandteile des BGM sind das freiwillige Fehlzeitenmanagement und das verpflichtende betriebliche Ein-gliederungsmanagement nach § 84 Abs. 2 SGB IX (vgl. Langhoff, 2009, S. 174). Darüber hinaus bestehen enge und wechselseitige Verbindungen zu den betriebli-chen Handlungsfeldern Personalentwicklung, Arbeitsgestaltung und Organisations-entwicklung (vgl. Bamberg et al., 2011, S. 130). Zum einen können deren Methoden und Instrumente im Rahmen des BGM für gesundheitsbezogene Interventionen an-gewendet werden, zum anderen ist es Aufgabe des BGM, die Aktivitäten von Ar-beitsgestaltung bzw. Organisations- und Personalentwicklung hinsichtlich ihrer ge-sundheitlichen Auswirkungen im Betrieb zu überprüfen (vgl. ebenda, S. 132).

BGM dient dazu, die Nutzenpotenziale betrieblicher Gesundheitsarbeit bestmöglich auszuschöpfen. Dies umfasst sowohl eine Verbesserung der Mitarbeitergesundheit als auch Kosteneinsparungen und Produktivitätssteigerungen für den Betrieb. Auch wenn der wissenschaftliche Kenntnisstand aufgrund methodischer Schwächen vieler Studien verbesserungsbedürftig ist, besteht in der Literatur weitgehender Konsens, dass gesundheitsbezogene Interventionen zu positiven Effekten sowohl auf gesund-heitlicher als auch auf ökonomischer Ebene führen (vgl. Sockoll, Kramer & Bödeker, 2008, S. 63–66). Einige Studien betonen den ökonomischen Nutzen, wobei für das Verhältnis von Aufwendungen zu realisierten Kosteneinsparungen Werte von 1:2 bis 1:10 zu finden sind (vgl. Sockoll et al., 2008, S. 65; Sonntag & Stegmaier, 2015, S. 140–141). Trotz des belegten Nutzens und positiver Erfahrungen von Unternehmen, die bereits ein BGM implementiert haben (vgl. Lück et al., 2009, S. 79), ist BGM längst nicht überall eingeführt: Bei einer repräsentativen Befragung von Betrieben aus dem produzierenden Gewerbe mit 50-499 Beschäftigten gaben 36 % der Befrag-ten an, BGM durchzuführen (vgl. Bechmann, Jäckle, Lück & Herdegen, 2011, S. 11).

Der Einführung eines BGM liegen meist mehrere Motive zugrunde. Unternehmen erhoffen sich in erster Linie eine Steigerung der Produktivität, der Attraktivität als Arbeitgeber und des Ansehens in der Öffentlichkeit (vgl. Badura et al., 2010, S. 2). Auch in der Literatur werden an das BGM hohe Erwartungen gerichtet. Es soll sich strategisch an den Unternehmenszielen ausrichten (vgl. Pfaff, Jung, Kowalski & Nit-zsche, 2010, S. 148) und die Gesundheitsthematik in alle Strukturen, Prozesse und Entscheidungen der Organisation sowie in dessen Kultur integrieren (vgl. Altgeld, 2014, S. 300; Oppolzer, 2010, S. 30). Dabei soll Gesundheit als Führungsaufgabe verstanden (vgl. Kaminski, 2013, S. 26) und in den Unternehmenszielen mindestens gleichrangig zu Qualität und Umweltschutz verankert werden (vgl. Zimolong, Elke & Bierhoff, 2008, S. 181). Diese Erwartungshaltung steht oft im starken Kontrast zur betrieblichen Realität. Zum einen fehlt es dem BGM in der praktischen Umsetzung an Systematik und Nachhaltigkeit, zum anderen mangelt es an der Koordination und Ausrichtung der Aktivitäten an den Unternehmenszielen (vgl. Badura et al., 2013, S. 159–160). Angesichts dessen bestehen Umsetzungsdefizite, die verhindern, dass die Potenziale des BGM vollständig realisiert werden können.

Unternehmen verteilen ihre knappen Ressourcen nach Wirtschaftlichkeitskriterien. BGM steht im innerbetrieblichen Wettbewerb mit anderen Aufgabenträgern, deren ökonomischer Nutzen sich häufig leichter nachweisen lässt. Bei der Ressourcenallokation konkurrieren die Maßnahmen des BGM mit einer Vielzahl an Investitionsmöglichkeiten, wobei Rentabilitätsgesichtspunkte maßgebend sind (vgl. Badura et al., 2010, S. 253). Um in diesem Umfeld für das BGM ausreichende Budgets zu erhalten, ist es erforderlich, die genannten Defizite zu beseitigen und den Entscheidungsträgern den strategischen Zielbeitrag des BGM aufzuzeigen (vgl. Köper & Vogt, 2011, S. 155–156). Hierfür bedarf es geeigneter Instrumente. Ein möglicher Ansatzpunkt ist die Balanced Scorecard, deren Konzept im Anschluss erläutert wird.

4. Grundlagen der Balanced Scorecard

Im Hinblick auf die Forschungsfragen bedarf es einer näheren Betrachtung des Managementkonzepts Balanced Scorecard (BSC). Hierzu wird in diesem Kapitel der Entstehungshintergrund thematisiert, der Aufbau einer BSC erläutert, der mögliche Nutzen für Unternehmen aufgezeigt und das Konzept bewertet.

4.1 Entstehung des BSC-Konzepts

Die BSC wurde von Kaplan und Norton (vgl. 1997, S. VII) Anfang der 1990er Jahre entwickelt. Ausgangspunkt war ein Forschungsprojekt, das nach neuen, zeitgemäßen Konzepten zur Leistungsmessung in Unternehmen suchte (vgl. Steinle, Thiem & Lange, 2001, S. 29). Traditionelle Kennzahlensysteme (z. B. DuPont-Schema) beschränken sich auf finanzielle Kennzahlen und sind stark vergangenheitsbezogen (vgl. Bamberger & Wrona, 2012, S. 382). Durch diese eingeschränkte Sichtweise bleibt außer Acht, dass der zukünftige Unternehmenserfolg wesentlich von nicht-monetären Größen und immateriellen Werten wie bspw. Kundenbindung, Produktqualität und Mitarbeiterzufriedenheit bestimmt wird (vgl. Waniczek & Werderits, 2006, S. 16–17). Folglich eignen sich derartige Kennzahlensysteme allenfalls für eine rückblickende Erfolgskontrolle, nicht aber als Grundlage für eine vorausschauende Unternehmenssteuerung.

Das BSC-Konzept trägt der Kritik an der Einseitigkeit und Vergangenheitsorientierung traditioneller Kennzahlensysteme Rechnung. Ein wesentliches Konzeptmerkmal – und namensgebend[6] – ist die *Ausgewogenheit*, was in mehrfacher Hinsicht zum Ausdruck kommt (vgl. Kaplan & Norton, 1997, S. VII, 8, 145):

- Es werden sowohl monetäre als auch nichtmonetäre Kennzahlen einbezogen.
- Es werden kurz- und langfristige Ziele berücksichtigt.
- Die Unternehmensleistung wird aus externen und internen Perspektiven betrachtet.
- Neben den Ergebnissen vergangener Leistungen (Spätindikatoren) werden auch die Treiber zukünftiger Leistungen (Frühindikatoren) aufgenommen.

---

[6] Die englische Bezeichnung „Balanced Scorecard" kann mit „ausgewogener Berichtsbogen" übersetzt werden.

Ursprünglich wurde die BSC als Instrument zur Leistungsmessung entwickelt. Allerdings zeigte sich in der praktischen Anwendung, dass ihr Potenzial hauptsächlich im Bereich der Strategieumsetzung liegt (vgl. ebenda, S. VIII–IX). Hierbei kommt das zweite zentrale Konzeptmerkmal der BSC zum Tragen: Die konsequente *Strategieorientierung*. Alle Ziele werden aus der Strategie abgeleitet und durch Messgrößen, Zielwerte und Maßnahmen operationalisiert. Damit unterstützt die BSC die Konkretisierung, Vermittlung und Verfolgung der Strategie (vgl. Horváth & Partners, 2007, S. 2). Im Ergebnis soll die BSC sowohl die Unzulänglichkeiten klassischer Kennzahlensysteme beseitigen als auch eine an der Unternehmensstrategie ausgerichtete Steuerung ermöglichen (vgl. Horváth & Kaufmann, 2006, S. 140).

Die Entwicklungsschritte des Konzepts spiegeln sich in den Veröffentlichungen von Kaplan und Norton wider: Lag der Fokus zunächst lediglich auf einem ausgewogenen Kennzahlensystem (vgl. Kaplan & Norton, 1992, S. 71–72), folgte bald eine Erweiterung durch Verknüpfung der Kennzahlen mit der Unternehmensstrategie (vgl. Kaplan & Norton, 1993, S. 134–135) und später die Anwendung der BSC als Handlungsrahmen für Managementprozesse (vgl. Kaplan & Norton, 1996b, S. 75–77). Die Ergebnisse ihrer Arbeit fassten sie schließlich in dem Buch „The Balanced Scorecard: Translating Strategy into Action" zusammen (vgl. Kaplan & Norton, 1996a, S. VII–XI), das für das BSC-Konzept grundlegend ist. Es erschien 1997 in deutscher Übersetzung und ist die Basis für den nachfolgend beschriebenen Aufbau der BSC.

4.2 Grundmodell der BSC

Eine BSC basiert auf der Vision und Strategie eines Unternehmens (vgl. Kaplan & Norton, 1997, S. 8). Während die Vision die intendierte langfristige Entwicklungsrichtung beschreibt, legt die Strategie fest, wie das Unternehmen beabsichtigt, die Vision umzusetzen (vgl. Reichmann, 2011, S. 558). Dem BSC-Konzept liegt ein Strategieverständnis zugrunde, wonach eine Strategie „ein Bündel von Hypothesen über Ursache und Wirkung" (Kaplan & Norton, 1997, S. 28) ist. Die verknüpften Hypothesen entsprechen den Schritten auf dem Weg der gewünschten zukünftigen Unternehmensentwicklung (vgl. Kaplan & Norton, 2001, S. 69).

Für die BSC ist charakteristisch, dass die Unternehmensleistung aus mehreren Perspektiven betrachtet wird (vgl. Kaplan & Norton, 1997, S. 8). Auf diese Weise soll bei der Ableitung und Verfolgung der Ziele ein einseitiges Denken verhindert werden (vgl. Horváth & Partners, 2007, S. 40). Kaplan und Norton (vgl. 1997, S. 8) schlagen vier Perspektiven vor:

- Finanzwirtschaftliche Perspektive
- Kundenperspektive
- Interne Prozessperspektive
- Innovationsperspektive, die auch als Lern- und Entwicklungsperspektive bzw. Lern- und Wachstumsperspektive (vgl. ebenda, S. 121) oder Potenzialperspektive (vgl. Horváth & Partners, 2007, S. 3) bezeichnet wird.

Die Perspektiven bestimmen die Architektur der BSC und schaffen einen Rahmen, der – angepasst an die individuellen Unternehmensbedürfnisse und die umzusetzende Strategie – mit Zielen, Messgrößen, Zielwerten und Maßnahmen gefüllt wird. Abbildung 3 veranschaulicht dies.

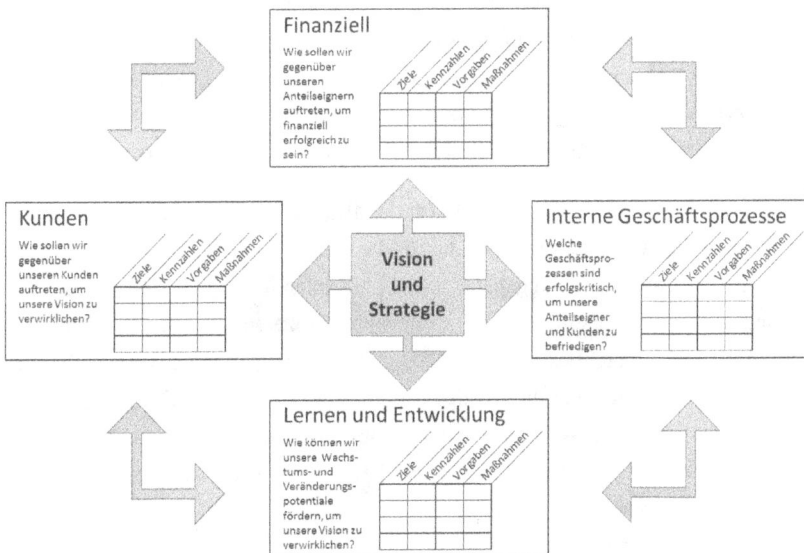

Abb. 3: Grundmodell der Balanced Scorecard (vgl. Kaplan & Norton, 1997, S. 9)

Aus der *finanzwirtschaftlichen Perspektive* werden die finanziellen Effekte der Strategie betrachtet. Über die Ziele zu den finanziellen Ergebnissen des Unternehmens fließen auch die Erwartungen der Kapitalgeber in die BSC ein. Als Messgrößen werden klassische Finanzkennzahlen wie RoI oder EVA verwendet (vgl. Kaplan & Norton, 1997, S. 42). Sie zeigen an, ob die umzusetzende Strategie geeignet ist, eine Ergebnisverbesserung zu bewirken (vgl. ebenda, S. 24). Die finanzwirtschaftlichen Ziele haben eine Doppelfunktion: Zum einen definieren sie die erwartete finanzielle Leistung, zum anderen dienen sie als Fokus für die Ziele und Kennzahlen aller anderen Perspektiven (vgl. ebenda, S. 46).

Die *Kundenperspektive* beleuchtet die marktorientierten Aspekte der Strategie. Dies erfordert strategische Entscheidungen, in welchen Marktsegmenten das Unternehmen auftreten und welche Kundengruppen es ansprechen soll (vgl. ebenda, S. 24). Weiterhin ist zu klären, welchen Nutzen man den Kunden bieten und wie man von den Kunden wahrgenommen werden möchte (vgl. Horváth & Partners, 2007, S. 41). Damit umfasst die Kundenperspektive sowohl die Sicht des Unternehmens auf Märkte und Kunden als auch die Sicht der Kunden auf das Unternehmen (vgl. ebenda, S. 50). Bei der Festlegung des Kennzahlensets werden allgemeine Ergebnismessgrößen wie Kundenakquisition, Kundenbindung und Marktanteil mit unternehmensspezifischen Leistungstreibern wie z. B. hohe Produktqualität und kurze Lieferzeiten kombiniert (vgl. Kaplan & Norton, 1997, S. 82–83; Reichmann, 2011, S. 554).

Die *interne Prozessperspektive* fokussiert die als erfolgskritisch identifizierten Geschäftsprozesse, d. h. jene Prozesse, die für das Erreichen der Ziele der Finanz- und Kundenperspektive ausschlaggebend sind (vgl. Kaplan & Norton, 1997, S. 89). Dabei sind alle für die Strategieumsetzung relevanten Prozesse zu berücksichtigen, auch wenn diese bislang nicht existieren (vgl. Buchholz, 2013, S. 287). Dagegen bleiben bestehende, aber strategisch nicht bedeutsame Prozesse außen vor. Dementsprechend beziehen sich die strategischen Ziele und diesbezüglichen Messgrößen (z. B. Kennzahlen zu Kosten, Zeit und Qualität) nur auf die erfolgskritischen Prozesse, weil hiervon die Strategierealisierung abhängt.

In der *Lern- und Entwicklungsperspektive* werden die zur Strategieumsetzung erforderlichen Potenziale im Bereich des Human-, Informations- und Organisationskapitals betrachtet (vgl. Kaplan & Norton, 2004, S. 28). Dieser infrastrukturelle Unterbau eines Unternehmens ist fortzuentwickeln, um die Lücke zwischen den strategischen Anforderungen und den bestehenden Potenzialen zu schließen (vgl. Reichmann,

2011, S. 555). Die hier erbrachten Leistungen schaffen die Basis für die Zielerreichung in den anderen Perspektiven. Sie sind damit die treibenden Faktoren für die
Ergebnisse in der Prozess-, Kunden- und Finanzperspektive (vgl. Kaplan & Norton,
1997, S. 121). Typische Kennzahlen beziehen sich z. B. auf die Mitarbeiterzufriedenheit, die Personalfluktuation und die Produktivität der Beschäftigten (vgl. ebenda,
S. 123).

Von den vier Perspektiven des Grundmodells kann abgewichen werden, wenn es die
jeweiligen Branchenbedingungen bzw. die Unternehmensstrategie erfordern (vgl.
ebenda, S. 33). Ferner stehen die Perspektiven nicht isoliert nebeneinander, sondern
werden durch Ketten von Ursache-Wirkungsbeziehungen verbunden, die sich durch
die gesamte BSC ziehen (vgl. Horváth & Kaufmann, 2006, S. 140; Kaplan & Norton,
1997, S. 28). Dabei wird folgende Wirkungsrichtung angenommen: Lernen und Entwicklung → interne Prozesse → Kunden → Finanzen (vgl. Kaplan & Norton, 1997,
S. 29; Steinle, 2005, S. 350). Der Aufbau der Kausalketten ist ebenso unternehmensindividuell und strategieabhängig zu gestalten wie die Architektur der BSC.

4.3 Nutzenpotenziale der BSC

Der konzeptionelle Fokus der BSC liegt auf der Strategieumsetzung (vgl. Kaplan &
Norton, 1997, S. 36). Sie unterstützt die Strategieoperationalisierung, fördert ein gemeinsames Strategieverständnis und schafft einen strategischen Handlungsrahmen
für Managementprozesse. Auf diese Nutzenpotenziale der BSC wird im Folgenden
näher eingegangen.

Die BSC ermöglicht eine schrittweise Operationalisierung der Strategie (vgl. Reichmann, 2011, S. 557). Zunächst werden aus der Strategie für jede Perspektive Ziele
abgeleitet. Für jedes dieser strategischen Ziele werden Kennzahlen entwickelt, um
die Zielerreichung messen und verfolgen zu können (vgl. Horváth & Partners, 2007,
S. 202). Jede Kennzahl wird mit einer Zielvorgabe versehen, die als Sollwert die
Zielerreichung repräsentiert (vgl. Kaplan & Norton, 1997, S. 218). Aus der Differenz
zwischen dem Zielwert und dem Istwert ergibt sich der Handlungsbedarf (vgl. Reichmann, 2011, S. 557). Um die Lücke zu schließen, werden zielspezifische Maßnahmen ausgearbeitet (vgl. Horváth & Partners, 2007, S. 222). Im Ergebnis übersetzt die
BSC die Strategie in ein Bündel von Maßnahmen (vgl. Kaplan & Norton, 1997, S.
30). Sie verbindet dadurch die strategische mit der operativen Planung und weist

diesbezüglich Ähnlichkeiten mit dem Konzept der Hoshin-Planung auf (vgl. Weber & Schäffer, 2000, S. 58–60).

Der Erfolg einer Strategie hängt vom Zusammenwirken der Einflussfaktoren ab, sodass die Ziele und Kennzahlen nicht isoliert betrachtet werden dürfen (vgl. Morganski, 2003, S. 143–144). Das BSC-Konzept trägt diesem Umstand Rechnung, indem es die Ursache-Wirkungsbeziehungen berücksichtigt und offenlegt. Jedes Ziel und jede Kennzahl der BSC ist Teil einer Kette von Ursache-Wirkungsbeziehungen, die in einem Ziel der finanzwirtschaftlichen Perspektive endet (vgl. Kaplan & Norton, 1997, S. 60). Durch die Verknüpfungen entsteht sowohl ein strategisches Zielsystem als auch ein Kennzahlensystem. Außerdem wird deutlich, dass alle Aktivitäten letztlich dazu dienen, die finanziellen Ziele zu erreichen.

Die Formulierung der Ursache-Wirkungsbeziehungen schafft Transparenz über die implizit angenommenen Zusammenhänge der Erfolgsfaktoren (vgl. Waniczek & Werderits, 2006, S. 39). Die Offenlegung der Annahmen über das Zustandekommen des Unternehmenserfolgs fördert ein gemeinsames Strategieverständnis – zunächst unter den Führungskräften, nach entsprechender Kommunikation auch bei den Mitarbeitern. Zur Strategievermittlung kann die BSC um eine Strategy Map ergänzt werden, die die Ursache-Wirkungsbeziehungen visualisiert (vgl. Kaplan & Norton, 2004, S. 48–49). Strategy Maps bilden die Kausalität der strategischen Überlegungen grafisch ab und machen sie damit für die Mitarbeiter nachvollziehbar (vgl. Horváth & Partners, 2007, S. 186). Doch auch ohne Annex in Form einer Strategy Map unterstützt die BSC die Ausrichtung des Mitarbeiterverhaltens an der Strategie: Aufgrund der stringenten Operationalisierung der Strategie in Maßnahmen kann der einzelne Mitarbeiter erkennen, wie seine Handlungen zur Zielerreichung beitragen (vgl. Weber & Schäffer, 2000, S. 18).

Daran wird deutlich, dass die BSC weit über ein Kennzahlensystem zur Leistungsmessung hinausgeht. Sie stellt einen strategischen Handlungsrahmen bereit, in dem mehrere erfolgskritische Managementprozesse nach dem Regelkreisprinzip verknüpft werden (vgl. Horváth & Kaufmann, 2006, S. 140). Abbildung 4 veranschaulicht diesen Zyklus, durch den Unternehmen in einen Prozess der kontinuierlichen Verbesserung eintreten sollen (vgl. Deegen, 2001, S. 43).

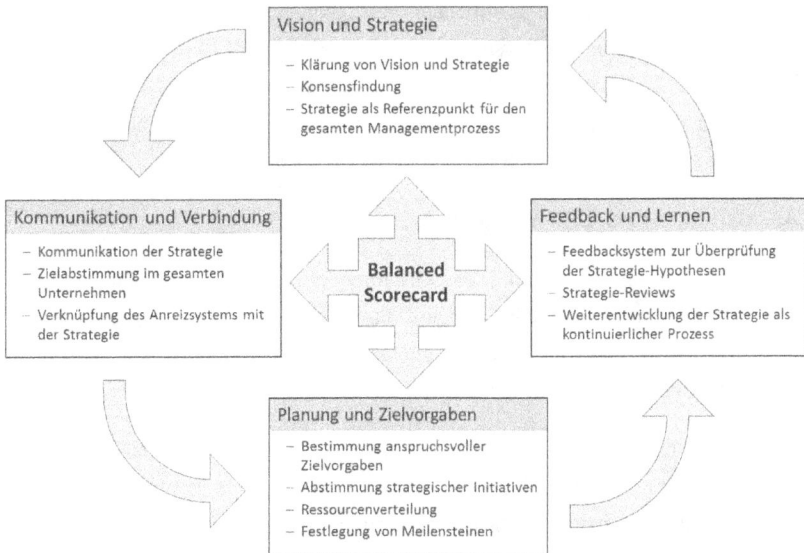

Abb. 4: BSC als strategischer Handlungsrahmen (vgl. Kaplan & Norton, 1997, S. 10, 191)

Der mit Hilfe des BSC-Konzepts aufgespannte Handlungsrahmen soll bei folgenden Managementprozessen Unterstützung bieten (vgl. Kaplan & Norton, 1997, S. 18–19, 282):

- Klärung und Konsensbildung bzgl. der Strategie
- Unternehmensweite Kommunikation der Strategie
- Verknüpfung der individuellen Ziele mit der Strategie
- Identifizierung von strategischen Initiativen
- Strategisch ausgerichtete Ressourcenallokation
- Regelmäßige Strategie-Reviews
- Verbesserung der Strategie durch Feedback und Lernen

In diesem Kontext bezeichnen einige Autoren die BSC als *Managementsystem* (vgl. Ackermann, 2000, S. 18; Bernhard, 2003, S. 23; Müller, 2005, S. 133).[7] Die BSC weist jedoch nicht alle Merkmale der Arbeitsdefinition (vgl. Abschn. 3.5) auf, bspw.

---

[7] Kaplan und Norton (vgl. 1997, S. 184, 190, 263, 277, 282) formulieren es oftmals zurückhaltender und sehen die BSC als *Grundstein*, *Rahmen* bzw. *Kernstück* eines (strategischen) Managementsystems.

enthält sie keine aufbauorganisatorischen Festlegungen. Folglich wird sie in dieser Arbeit nicht als Managementsystem verstanden. Stattdessen wird die BSC hier in Anlehnung an Schäffer (vgl. 2003a, S. 487) als Instrument zu einer strategiegeleiteten und kennzahlengestützten Unternehmenssteuerung definiert, das sich durch Ausgewogenheit und konsequente Strategieorientierung auszeichnet.

4.4 Bewertung des BSC-Konzepts

Nachdem bereits die Entstehung, das Grundmodell und die Nutzenpotenziale der BSC erläutert wurden, schließt das Kapitel mit einer Bewertung des Konzepts ab. Dabei stehen die theoretische Einordnung der BSC und deren kritische Würdigung im Vordergrund.

Die Komponenten der BSC bauten kaum auf neuen wissenschaftlichen Erkenntnissen auf (vgl. Ackermann, 2000, S. 34). So wurde die Einbeziehung nichtmonetärer Kennzahlen in die Leistungsmessung seit Langem gefordert und bereits in anderen Konzepten verwirklicht (vgl. Weber & Schäffer, 2000, S. 5–6). Allenfalls der mehrperspektivische Aufbau und die Strategieanbindung der Inhalte können als innovativ bezeichnet werden. Der eigentliche Wert der BSC besteht in der Verbindung vorhandener Erkenntnisse und bewährter Ansätze zu einem schlüssigen Gesamtkonzept (vgl. ebenda, S. 172). Hierbei entstand ein anpassungsfähiges Führungsinstrument zur Ausrichtung von Unternehmensaktivitäten auf Strategien und Ziele (vgl. Bamberger & Wrona, 2012, S. 385). Obgleich die BSC durchaus das Potenzial besitzt, die Strategieentwicklung zu unterstützen (vgl. Schäffer, 2003a, S. 502), liegt der konzeptionelle Fokus auf der Strategieimplementierung.

Eine theoretisch-konzeptionelle Einordnung[8] der BSC weist auf mehrere Wurzeln hin (vgl. Körnert & Wolf, 2007, S. 132–138):

-   Die BSC greift *systemtheoretische Aspekte* auf: Sie ermöglicht eine ganzheitliche Steuerung und Regelung von Unternehmen und reduziert dadurch deren Komplexität auf ein bewältigbares Maß.

-   Die BSC trägt dem *Shareholder-Value-Ansatz* Rechnung: Die Interessen der Anteilseigner werden von der finanzwirtschaftlichen Perspektive erfasst, auf deren Ziele letztlich alle Aktivitäten ausgerichtet sind.

-   Die BSC weist Bezüge zum *Stakeholder-Konzept* auf: Durch die Mehrperspektivensicht werden neben den Interessen der Anteilseigner auch die Erwartungen der Kunden und Mitarbeiter berücksichtigt.

Trotz ihrer Nutzenpotenziale ist die BSC in der Literatur beachtlicher Kritik ausgesetzt (vgl. Hoque, 2014, S. 46). Kritisiert wird u. a. die Reduzierung der Steuerungsfunktion auf eine Kennzahlenkontrolle, eine fehlende konzeptionelle Begründung der vier Perspektiven sowie eine Fokussierung auf quantitative Zielgrößen (vgl. Welge & Al-Laham, 2012, S. 841). Auch das unklare Verhältnis der Perspektiven zueinander wird – insbesondere im Hinblick auf Zielkonflikte – kritisch gesehen (vgl. Hoque, 2014, S. 46). Darüber hinaus weist das Konzept im Bereich der strategischen Kontrolle erhebliche Lücken auf (vgl. Schäffer, 2003a, S. 506–507).

Ein Hauptkritikpunkt sind die Ursache-Wirkungsbeziehungen (vgl. Nørreklit, 2000, S. 70–77; Nørreklit, Nørreklit, Mitchell & Bjørnenak, 2012, S. 495–502; Wall, 2001, S. 65–74). Die BSC ist kein Rechensystem, sondern ein Ordnungssystem, weshalb die Ziele und ihre Messgrößen in erster Linie sachlogisch (nicht mathematisch) verknüpft sind (vgl. Weber & Schäffer, 2014, S. 193, 200-201). Gleichwohl fordern Kaplan und Norton (vgl. 1997, S. 32) Kausalzusammenhänge, die auf die Finanzperspektive gerichtet sind.[9] Eindeutige Wirkungsrichtungen sind in der Realität selten, vielmehr treten gegenseitige Abhängigkeiten, gegenläufige Effekte und unvorhergesehene Wirkungen auf (vgl. Waniczek & Werderits, 2006, S. 42–43). Die Gültigkeit

---

[8]   Kaplan und Norton ordnen ihr Konzept selbst nicht ein, weshalb die theoretische Fundierung und Wissenschaftlichkeit generell in Frage gestellt wird (vgl. Diensberg, 2001, S. 29–30; Nørreklit, 2003, S. 609–611).

[9]   Kaplan und Norton (2001, S. 63) sprechen in späteren Veröffentlichungen von „logische(n) Ursache-Wirkungs-Kette(n)". Allerdings beruht eine *Ursache-Wirkungs*-Kette schon begrifflich auf kausalen Zusammenhängen.

der Kausalitätshypothesen lässt sich erst im Nachhinein überprüfen, weshalb Unternehmen das Risiko einer auf fehlerhaften Annahmen beruhenden BSC tragen (vgl. Nørreklit, 2000, S. 68).

Als Vorzüge des Modells sind insbesondere die Strategieorientierung, Ausgewogenheit und Mehrdimensionalität zu nennen. Aufgrund dieser Konzeptmerkmale lässt sich mit der BSC ein ganzheitlicher Ansatz verfolgen (vgl. Buchholz, 2013, S. 283). Hinzu kommen die Komplexitätsreduktion und die Anpassungsfähigkeit an die spezifischen Unternehmensbedürfnisse. Auf die Leistungspotenziale bzgl. der Strategieumsetzung wurde bereits eingegangen (vgl. Abschn. 4.3). In einer Gesamtschau stehen den konzeptionellen Schwächen somit bedeutende Stärken gegenüber, weshalb die BSC im Ergebnis überwiegend positiv beurteilt wird (vgl. Hungenberg, 2014, S. 314; Schäffer, 2003a, S. 514; Schmeisser & Clausen, 2009, S. 61–63).

Die Wirksamkeit der BSC ist empirisch schwer nachzuweisen, da sich ihre Wirkung auf den Prozess der Strategieumsetzung nicht direkt messen lässt und subjektive Einschätzungen wenig verlässlich sind (vgl. Hoque, 2014, S. 44; Rieg & Esslinger, 2012, S. 569–570). Zur Verbreitung der BSC liegen zahlreiche Studien vor, die jedoch inkonsistente Ergebnisse liefern und Verbreitungsgrade zwischen 7 % und 50 % ausweisen (vgl. Schäffer & Matlachowsky, 2008, S. 208).[10] Aufgrund der hohen methodischen Güte ist die Untersuchung von Speckbacher, Bischof und Pfeiffer (vgl. 2003, S. 381) hervorzuheben, wonach eine Minderheit der größten börsennotierten Unternehmen in Deutschland, Österreich und der Schweiz (26 %) die BSC einsetzt.

Als Zwischenfazit wird festgehalten, dass es sich bei der BSC um ein Instrument handelt, das der Umsetzung einer beabsichtigten Strategie dient und eine strategieorientierte Unternehmenssteuerung unterstützt. Bei der Anwendung der BSC sollten die genannten Einschränkungen (z. B. in Bezug auf die Validität der Ursache-Wirkungsbeziehungen) berücksichtigt werden.

---

[10] Trotz heterogener Studienergebnisse sieht Bach (vgl. 2006, S. 299–300) einen stetigen Anstieg des BSC-Einsatzes im deutschsprachigen Raum und bezeichnet den Trend als „unstrittig" (ebenda, S. 300).

5. Anwendung des BSC-Konzepts im Betrieblichen Gesundheitsmanagement

Betriebliches Gesundheitsmanagement hat die Aufgabe, die betriebliche Gesundheitsarbeit möglichst effektiv und effizient zu gestalten. Hierbei ist es einem betriebswirtschaftlichen Kalkül unterworfen und dem zunehmenden Legitimationsdruck ausgesetzt, seine Erfolge sichtbar und für die Unternehmensleitung auch in Kennzahlen nachvollziehbar zu machen (vgl. Lück et al., 2009, S. 83; Ulich & Wülser, 2015, S. 207). Allerdings ist der Wert gesunder Mitarbeiter für Unternehmen nicht aus der Bilanz zu ersehen, wohingegen die Aufwendungen für das BGM unmittelbar in die Gewinn- und Verlustrechnung einfließen. Daher ist die Sichtweise des externen Rechnungswesens ungeeignet, das BGM betriebswirtschaftlich zu legitimieren.

Durch geeignete Strategien und deren konsequenter Umsetzung lassen sich die Potenziale des BGM in einen Beitrag zum Unternehmenswert umwandeln (vgl. Horváth, Gamm & Isensee, 2009, S. 127). In der betrieblichen Praxis dominieren jedoch unabgestimmte Einzelaktionen, die von unterschiedlichen Akteuren autonom durchgeführt werden (vgl. Badura et al., 2013, S. 159–160; Keil & Vogt, 2012, S. 383). Dieses Umfeld erschwert die Umsetzung einer Strategie.

Die BSC unterstützt strategiegeleitetes Handeln, indem sie eine Strategie in Ziele, Kennzahlen und Maßnahmen übersetzt und damit einen Rahmen für den Managementprozess schafft. Angesichts dessen bietet die BSC im Ansatz das Potenzial, die genannten Defizite in der betrieblichen Gesundheitsarbeit zu beseitigen und letztlich zu einer strategieorientierten Steuerung des BGM zu gelangen. Dies erfordert zunächst eine Adaption der BSC an den Kontext des BGM, wozu auch eine Integration von Gesundheitsaspekten in die BSC gehört.

Zur Beantwortung der forschungsleitenden Fragen werden in diesem Kapitel das BGM und das Konzept der BSC zusammengeführt. Grundvoraussetzung hierfür ist die konzeptionelle Vereinbarkeit von BGM und BSC, was im ersten Abschnitt behandelt wird. Anschließend werden verschiedene Ansätze zur Einbindung von Gesundheitsaspekten in den Rahmen einer BSC erläutert, diskutiert und verglichen. Gegenstand des dritten Abschnitts ist der mehrstufige Prozess zur Entwicklung einer an den Kontext des BGM adaptierten BSC („Gesundheits-BSC"). Im Mittelpunkt

des vierten Abschnitts stehen die Effekte der Integration einer entwickelten Gesundheits-BSC in das Führungs- und Steuerungssystem einer Organisation. Das Kapitel
schließt mit einer kritischen Würdigung der Anwendung des BSC-Konzepts im
BGM ab.

5.1 Vereinbarkeit von BGM und BSC

Befragungen des Marktforschungsinstituts EuPD Research (vgl. 2007, S. 48–49;
2010, S. 68–69; 2014, S. 41) zeigen, dass die BSC von einigen Unternehmen für das
Gesundheitsmanagement eingesetzt wird. Die Ergebnisse deuten auf die Anwen-
dungstauglichkeit des BSC-Konzepts in der BGM-Praxis hin. Hieraus kann jedoch
nicht auf die konzeptionelle Vereinbarkeit von BGM und BSC geschlossen werden,
weshalb dies im Folgenden untersucht wird.

Im Hinblick auf die Kompatibilität des BGM mit Managementkonzepten gilt es zu
berücksichtigen, dass gesunde Mitarbeiter aus Unternehmenssicht ein immaterieller
Vermögenswert sind. Immaterielle Werte entziehen sich z. T. einer monetären Bewertung und wirken sich nur indirekt sowie mit zeitlicher Verzögerung auf das
Finanzergebnis aus (vgl. Kaplan & Norton, 2001, S. 60). Sie lassen sich daher mit
finanziellen Kennzahlen weder adäquat messen noch steuern. Diese Problematik betrifft auch das BGM, dessen Effekte nur schwer in monetären Größen ausgedrückt
werden können, zumal sie häufig in nicht eingetretenen bzw. in verhinderten Ereig-
nissen bestehen (vgl. Bienert & Razavi, 2007, S. 92). Darum sind Instrumente erforderlich, die sowohl der eingeschränkten monetären Bewertbarkeit von Maßnahmen
des BGM gerecht werden als auch die indirekten finanziellen Effekte der Mitarbeitergesundheit aufdecken.

Die BSC trägt den Besonderheiten immaterieller Vermögenswerte in mehrfacher
Hinsicht Rechnung. Sie betrachtet die Unternehmensleistung aus unterschiedlichen
Perspektiven und fokussiert damit die Voraussetzungen und Treiber der finanzwirtschaftlichen Ergebnisse (vgl. Kaplan & Norton, 1997, S. 144). Die Gesundheit der
Mitarbeiter ist ein solcher Leistungstreiber und determiniert den künftigen Unternehmenserfolg (vgl. Abschn. 3.2). Außerdem sieht das BSC-Konzept zur Leistungsmessung auch nichtmonetäre Kennzahlen vor. Dies ermöglicht es, die Mitarbeitergesundheit in die BSC einzubeziehen, ohne sie monetär zu bewerten (vgl. Kaplan &
Norton, 2001, S. 61). Des Weiteren sind die Ziele und Kennzahlen der BSC mittels

Ursache-Wirkungsbeziehungen verknüpft. Die Kausalketten verdeutlichen, dass sich die Gesundheitssituation zumindest mittelbar auf die finanziellen Ergebnisse des Unternehmens auswirkt. Somit lässt sich aufzeigen, wie das BGM zum Erreichen der Unternehmensziele beiträgt.

Darüber hinaus erfordert der Einsatz der BSC im BGM eine Adaption des Grundmodells an die spezifischen Bedürfnisse der betrieblichen Gesundheitsarbeit. Das BSC-Konzept zeichnet sich durch eine große Anpassungsfähigkeit aus, was drei Komponenten umfasst.

Erstens baut das Konzept nicht auf einer Normstrategie auf. Da keine inhaltlichen Restriktionen bestehen, kann der BSC auch eine gesundheitsorientierte Strategie zugrunde gelegt und diese in strategische Ziele, Kennzahlen, Zielwerte und Maßnahmen übersetzt werden.

Zweitens ist der mögliche BSC-Einsatz nicht auf bestimmte Branchen, Funktionen oder Organisationsebenen beschränkt (vgl. Lueg & Carvalho e Silva, 2013, S. 89– 92). Eine BSC kann ebenso für das Gesamtunternehmen entwickelt werden wie für einzelne Geschäftsbereiche, Funktionseinheiten oder Abteilungen (vgl. Kaplan & Norton, 1997, S. 34). Diese Flexibilität ist für das BGM relevant, da es aufbauorganisatorisch unterschiedlich verankert werden kann (vgl. DGFP e.V., 2014, S. 56–58). Ferner steht das Fehlen eines direkten Zugangs zum Absatzmarkt der Erstellung einer BSC nicht entgegen (vgl. Horváth & Kaufmann, 2006, S. 148), weshalb auch interne Dienstleister wie das BGM zum Zuge kommen können.

Drittens ist die Struktur des Grundmodells der BSC offen für Modifikationen und Erweiterungen (vgl. Amann & Petzold, 2014, S. 110). Weder die Anzahl der Perspektiven noch ihre inhaltliche Ausgestaltung sind vorgegeben (vgl. Horváth & Kaufmann, 2006, S. 145). Die von Kaplan und Norton (1997, S. 33) vorgeschlagenen vier Perspektiven dienen „als Schablone und nicht als Zwangsjacke". Sie sind als Anregung zu verstehen, eigene Sichtweisen zu entwickeln, die auf die spezifischen Bedingungen der Branche und des Unternehmens zugeschnitten sind (vgl. Deegen, 2001, S. 46). In der Literatur werden u. a. eine Lieferantenperspektive (vgl. Horváth & Kaufmann, 2006, S. 145), eine Kreditgeberperspektive (vgl. Friedag & Schmidt, 2002, S. 200) und eine Gesellschaftsperspektive (vgl. Gminder, Bieker, Dyllick &

Hockerts, 2002, S. 118; Waldkirch, 2002, S. 322–324) vorgeschlagen. Letztlich bestimmt die strategische Relevanz eines Handlungsfelds, ob es in der BSC berücksichtigt wird. In Anbetracht der Offenheit des BSC-Konzepts ist eine Adaption des
Grundmodells an die Erfordernisse des BGM möglich, vorausgesetzt der Gesundheitsthematik wird strategische Bedeutung beigemessen.

Als Zwischenergebnis bleibt festzuhalten, dass das BSC-Konzept für das BGM im
Grundsatz geeignet ist. Es gewährleistet einen adäquaten Umgang mit dem immateriellen Vermögenswert Gesundheit. Außerdem lässt sich die BSC inhaltlich und
strukturell an die Bedürfnisse des BGM anpassen. Dies leitet zu der Frage über, welche Möglichkeiten die Architektur der BSC für eine Integration von Gesundheitsaspekten bietet.

5.2 Ansätze zur Integration von Gesundheitsaspekten in die BSC

Die bereits beschriebene Offenheit des BSC-Konzepts für Erweiterungen und Modifikationen ermöglicht den Einsatz der BSC in unterschiedlichen Themenfeldern.
Dementsprechend findet sich in der Literatur eine Vielzahl an Weiterentwicklungen
der BSC für spezifische Anwendungen, bspw. für das Personalmanagement (vgl. Becker, Huselid & Ulrich, 2001, S. 53–77; Leatherbarrow, 2014, S. 121–126; Tonnesen, 2000, S. 87–97), das Diversitätsmanagement (vgl. Hanappi-Egger, 2015, S. 219)
oder das Nachhaltigkeitsmanagement (vgl. Figge, Hahn, Schaltegger & Wagner,
2001, S. 30–54, 2002, S. 272–273; Phillips & Phillips, 2011, S. 230–237). Dies gilt
auch für das BGM (vgl. Horváth, Gamm, Möller et al., 2009, S. 37–41; Juglaret,
Rallo, Textoris, Guarnieri & Garbolino, 2011, S. 1223; Mearns & Havold, 2003, S.
410–421; Pratt, 2001, S. 139–145). Allein fehlt es in diesen Arbeiten an einer systematischen Übersicht, wie Gesundheitsaspekte strukturell in den Aufbau der BSC eingebunden werden können.

Gesundheitsrelevante Inhalte lassen sich in die vier originären BSC-Perspektiven, in
eine fünfte Perspektive oder in eine eigens hierfür konzipierte Perspektivenstruktur
einfügen. Ähnliche Überlegungen zur Anpassung des BSC-Grundmodells liegen von

Figge u. a. (vgl. 2001, S. 22; 2002, S. 273) für den Bereich des Nachhaltigkeitsmanagements vor.[11]

Ausgehend von den drei genannten Varianten der Perspektivengestaltung werden folgende Ansätze zur Integration von Gesundheitsaspekten in die BSC unterschieden:

- Eingliederung in die klassischen Perspektiven der BSC
- Erweiterung der BSC um eine Gesundheitsperspektive
- Erstellung einer eigenständigen Gesundheits-BSC

Zur Beantwortung der ersten Forschungsfrage werden diese Ansätze nun einzeln vorgestellt und bewertet. Danach wird erläutert, in welchem Verhältnis sie zueinander stehen. Ein zusammenfassender Vergleich schließt die Ausführungen ab.

5.2.1 Eingliederung in die klassischen BSC-Perspektiven

Die erste Integrationsvariante sieht die Einbeziehung von Gesundheitsaspekten in die BSC vor, *ohne* die Struktur des Grundmodells anzupassen. Infolgedessen werden die gesundheitsbezogenen Ziele, Kennzahlen und Maßnahmen den vier klassischen Perspektiven zugeordnet. Der Detaillierungsgrad der Inhalte hängt von der Organisationsebene ab, für die die BSC erstellt wird (vgl. Hahn, Wagner, Figge & Schaltegger, 2002, S. 56). D. h. eine BSC auf Abteilungsebene kann deutlich konkretere Gesundheitsziele beinhalten als eine BSC für das Gesamtunternehmen. Aus dem BSC-Grundmodell kommen für eine Integration von Gesundheitsaspekten in erster Linie die Lern- und Entwicklungsperspektive sowie die interne Prozessperspektive in Betracht (vgl. Janssen et al., 2004, S. 46; Ulich & Wülser, 2015, S. 227).

Die Lern- und Entwicklungsperspektive umfasst u. a. die Mitarbeiterpotenziale (vgl. Kaplan & Norton, 1997, S. 121). Die Leistungsfähigkeit der Mitarbeiter wird wesentlich von ihrem Gesundheitszustand bestimmt (vgl. Abschn. 3.2). Folglich kön-

---

[11] Die Autoren betonen, dass es sich bei der dritten Integrationsvariante (Formulierung einer eigenen Scorecard) um eine Erweiterung der beiden anderen Ansätze handelt (vgl. Figge et al., 2001, S. 28). Die entstehende Scorecard fasst lediglich vorhandene Inhalte anderer BSCs zusammen. Somit unterscheidet sich dieser Ansatz von der hier vertretenen Auffassung einer eigenständigen BSC, die sich auch realisieren lässt, wenn im Unternehmen keine weiteren BSCs bestehen.

nen strategische Ziele, Kennzahlen und Maßnahmen, die auf die Mitarbeitergesundheit ausgerichtet sind, in der Lern- und Entwicklungsperspektive verankert werden. Ein mögliches Ziel ist der Ausbau der gesundheits- relevanten Kompetenzen und Ressourcen der Mitarbeiter. Als Messgrößen dienen bspw. die Teilnahmerzahlen bei diesbezüglichen Fortbildungen bzw. Kursen. Maßnahmen zur Zielerreichung beinhalten z. B. auf eine Ausweitung derartiger Angebote, eine stärkere Kommunikation der Angebote im Betrieb oder eine erleichterte Anmeldung für die Mitarbeiter.

In der internen Prozessperspektive stehen aus gesundheitlicher Sicht v. a. ein sicherer Produktionsablauf sowie eine gesundheitsförderliche Arbeits- und Organisationsgestaltung im Mittelpunkt. Hierzu können die Grundlagen bereits bei der Entwicklung neuer Produkte gelegt werden. Ein denkbares Ziel ist es, Produkte zu entwickeln, die in der Herstellung keine giftigen Stoffe erfordern und somit keine Gesundheitsgefahren bergen. Dies lässt sich anhand der Anzahl der kennzeichnungspflichtigen Gefahrstoffe eines Produkts messen. Als Maßnahme bietet sich z. B. ein Forschungsprojekt zu den Einsatzmöglichkeiten nichttoxischer Substanzen an.

Für die Zielsetzung eines störungsfreien Produktionsablaufs können als Kennzahlen die unfallbedingten Produktionsunterbrechungen und die fehlzeitenbedingten Produktionsbeeinträchtigungen herangezogen werden. Diesbezügliche Maßnahmen richten sich auf eine Verringerung von Arbeitsunfällen bzw. eine Reduzierung von Fehlzeiten. Ein weiteres Ziel kann darin bestehen, Arbeitstätigkeiten gesundheitsförderlich zu gestalten. Kennzahlen beziehen sich z. B. auf den Anteil der Teamarbeit, die Anforderungsvielfalt oder die Handlungsautonomie. Durch entsprechende Maßnahmen sind die Arbeitsaufgaben so zu gestalten, dass einseitige und monotone Beanspruchungen vermieden, soziale Interaktionen ermöglicht und weite Entscheidungsspielräume gewährt werden (vgl. Ulich, 2011, S. 206–207).

Im Regelfall bleibt es bei einer partiellen Integration. Eine Einbindung von Gesundheitsaspekten in alle vier Perspektiven lässt sich kaum realisieren. Insbesondere die Kundenperspektive der klassischen BSC wird i. d. R. keine Anknüpfungsmöglichkeiten für strategische Ziele mit Bezug zur Mitarbeitergesundheit bieten. Dagegen sind in der finanzwirtschaftlichen Perspektive gesundheitsrelevante Aspekte zumindest denkbar, wie bspw. das Ziel einer Senkung krankheitsbedingter Kosten. Letztlich hängt der Umfang der Integration vom Stellenwert der Gesundheit in der Strategie ab. Je höher die strategische Bedeutung von Gesundheit ist, desto tiefgreifender fällt die Verankerung in der BSC aus.

Bei dieser Integrationsvariante bleibt die Logik des Grundmodells der BSC vollständig erhalten. Dies kann die Akzeptanz der Einbindung von Gesundheitsaspekten fördern und ermöglicht eine standardmäßige Vorgehensweise. Für Unternehmen, die bereits BSCs einsetzen, ist die Integration mit wenig zusätzlichem Aufwand verbunden. Nach einer Strategierevision können die Gesundheitsaspekte im Zuge der ohnehin notwendigen Anpassung der BSC-Inhalte eingearbeitet werden. Gesundheitsthemen stehen dabei in Konkurrenz zu allen anderen betrieblichen Themen. Durch eine Aufnahme von Gesundheitsaspekten in die klassische BSC-Struktur wird deren strategische Relevanz für den Unternehmenserfolg betont. Dies spiegelt sich darin wider, dass die gesundheitsbezogenen Ziele und Kennzahlen in die Kausalketten einbezogen und auf diese Weise mit den finanziellen Unternehmenszielen verknüpft sind. Es wird nicht der Eindruck vermittelt, dass Gesundheitsarbeit losgelöst vom sonstigen Betriebsgeschehen stattfindet und Gesundheitsaspekte erst nach einer strukturellen Modifikation der BSC im Sinne einer Sonderbehandlung berücksichtigt werden können. Vielmehr wird damit signalisiert, dass Gesundheit integraler Bestandteil der Unternehmensstrategie ist.

Diesen Vorteilen steht der wesentliche Nachteil gegenüber, dass i. d. R. nur wenige Gesundheitsaspekte integriert werden können. Eine Perspektive sollte drei bis fünf strategische Ziele beinhalten, sodass die gesamte BSC nicht mehr als 20 Ziele umfasst (vgl. Horváth & Partners, 2007, S. 161; Waniczek & Werderits, 2006, S. 36). In einer BSC, die für eine andere Einheit als das BGM erstellt wird, dürfte selten Raum für mehr als ein oder zwei gesundheitsbezogene Ziele sein.[12] Daher müssen die Gesundheitsaspekte hier stark aggregiert werden (vgl. Hahn et al., 2002, S. 57). Dies kann zur Formulierung eines sehr allgemeinen Gesundheitsziels führen (z. B. „Erhalt und Verbesserung der Gesundheit unserer Mitarbeiter"), dessen Erreichungsgrad mit Hilfe eines Gesundheitsindex gemessen wird (vgl. Pratt, 2001, S. 137–143;

---

[12] Durch die Entwicklung einer separaten BSC für das BGM können zwar mehr Gesundheitsaspekte aufgenommen werden. Jedoch sind die Perspektiven des Grundmodells für das BGM nur eingeschränkt geeignet. Folglich bedarf es einer Modifikation der BSC-Struktur und damit einer anderen Integrationsvariante. Dies wird in Abschnitt 5.2.3 behandelt.

Schraub, Sonntag, Büch & Stegmaier, 2010, S. 81–84). Es erscheint zweifelhaft, ob sich das komplexe Wirkungsgefüge der betrieblichen Gesundheitsarbeit mit wenigen Größen annährend vollständig abbilden lässt (vgl. Wellmann, 2012b, S. 162). Angesichts dessen eignen sich die aus dem ersten Integrationsansatz resultierenden BSCs nicht für den Zweck einer strategieorientierten Steuerung des BGM (vgl. Horváth, Gamm & Isensee, 2009, S. 131).

5.2.2 Erweiterung der BSC um eine Gesundheitsperspektive

Auf die Möglichkeit, die Perspektiven der BSC an die jeweiligen Unternehmensbedürfnisse anzupassen, wurde bereits hingewiesen (vgl. Abschn. 5.1). Die Perspektivenstruktur ist so zu gestalten, dass sich damit die umzusetzende Strategie möglichst vollständig erfassen lässt (vgl. Niven, 2009, S. 146–147). Eine Erweiterung des Grundmodells ist dann erforderlich, wenn Gesichtspunkte, die für den Strategieerfolg von wesentlichem Belang sind, über die vier klassischen Perspektiven nicht abgedeckt werden können (vgl. Kaplan & Norton, 1997, S. 33–34). Demzufolge sollte zur Integration von Gesundheitsaspekten nur dann eine zusätzliche Perspektive eingeführt werden, wenn es sich um strategische Kernaspekte handelt, die nicht den bestehenden Perspektiven zugeordnet werden können (vgl. Funkl, Tschandl & Heinrich, 2012, S. 194). Eine solche Konstellation bedingt, dass Gesundheitsaspekte in der Strategie eine herausgehobene Position einnehmen und sich auf den Strategieerfolg gravierend auswirken. In diesem Fall wird durch die zusätzliche Perspektive gewährleistet, dass die Strategie in der BSC vollständig erfasst werden kann. Hierauf ist Wert zu legen, da eine korrekt aufgebaute BSC die zugrunde liegende Strategie zum Ausdruck bringen sollte (vgl. Kaplan & Norton, 1997, S. 142–144).

Das Verfahren, eine fünfte Perspektive mit gesundheitsbezogenen Inhalten zu füllen, unterscheidet sich nicht von der gewöhnlichen Vorgehensweise, die bereits skizziert wurde (vgl. Abschn. 4.3 und 5.2.1). Demgegenüber sind beim Aufbau der Ursache-Wirkungsbeziehungen innerhalb einer erweiterten BSC Besonderheiten zu beachten. Die Kausalketten im Grundmodell der BSC folgen der Wirkungsrichtung Lernen/ Entwicklung → interne Prozesse → Kunden → Finanzen. Eine fünfte Perspektive ist hierin einzufügen.

Die Vielschichtigkeit der Gesundheitsthematik erschwert eine Einordnung in das Wirkungsgefüge der Perspektiven. Zum einen ist Gesundheit eine wichtige Voraussetzung für leistungsfähige und produktive Mitarbeiter. Dies spricht für die Wirkungsrichtung Gesundheit → Lernen/Entwicklung. Zum anderen lässt sich der Gesundheitszustand durch mitarbeiterbezogene Maßnahmen wie Seminare oder Kurse beeinflussen, sodass auch die Richtung Lernen/Entwicklung → Gesundheit gilt. Ähnlich gestaltet sich das Verhältnis von Gesundheit zu den internen Prozessen. Es bedarf gesunder Mitarbeiter, um die Produktionsziele in zeitlicher und qualitativer Hinsicht zu erreichen (Gesundheit → interne Prozesse). Zugleich hängt die Gesundheit der Mitarbeiter von der Arbeits- und Organisationsgestaltung ab (interne Prozesse → Gesundheit).

Demnach sind zwischen den Perspektiven Gesundheit und Lernen/Entwicklung bzw. Gesundheit und internen Prozessen wechselseitige Beziehungen denkbar. In der BSC werden jedoch meist unidirektionale Ursache-Wirkungsbeziehungen unterstellt, sodass die Kausalketten mit nur einer Wirkungsrichtung durch eine hierarchisch aufgebaute Perspektivenstruktur verlaufen (vgl. Kaplan & Norton, 1997, S. 29; Waniczek & Werderits, 2006, S. 43). Ob sich eine Gesundheitsperspektive hierin einfügen lässt, hängt von ihren konkreten Inhalten sowie den Annahmen über die Kausalzusammenhänge der strategischen Ziele ab. Beides wird einzelfallbezogen festgelegt. Angesichts dessen erscheint eine allgemeine Vorgabe der Positionierung in der Perspektivenhierarchie nicht sachgerecht.

Im Vergleich zu der ersten Integrationsvariante ermöglicht es eine zusätzliche Perspektive, mehr gesundheitsbezogene Inhalte in der BSC zu berücksichtigen und damit gesundheitsorientierte Strategien besser zu erfassen. Darüber hinaus hat eine zusätzliche Perspektive hohen symbolischen Wert, da sie die Gleichrangigkeit mit betrieblichen Kernthemen wie Finanzen, Kunden und Prozessen signalisiert (vgl. Gminder et al., 2002, S. 122). Dieser Effekt kommt insbesondere bei einem Einsatz der BSC zu Kommunikationszwecken zum Tragen: Anhand der fünften Perspektive erkennen die Mitarbeiter unmittelbar den herausgehobenen strategischen Stellenwert der betrieblichen Gesundheitssituation.

Diesen Chancen stehen mehrere Risiken gegenüber. Erstens weckt eine zusätzliche Perspektive Erwartungen anderer Disziplinen (z. B. Umweltschutz) entsprechend behandelt zu werden. Eine BSC sollte jedoch nicht mehr als fünf bis sechs Perspektiven aufweisen, um die Komplexität zu begrenzen und die Übersichtlichkeit zu wahren (vgl. Horváth & Partners, 2007, S. 76; Schäffer, 2003a, S. 493). Zweitens besteht die Gefahr einer strategisch nicht gerechtfertigten Schwerpunktsetzung. Es widerspräche den Wesensmerkmalen der BSC, wenn eine Gesundheitsperspektive geschaffen wird, ohne dass dies dem Stellenwert von Gesundheit in der Strategie entspricht. Damit könnte auch ein Akzeptanzverlust der BSC einhergehen. Drittens kann aufgrund der strukturellen Anpassung der BSC nicht mehr allein auf die Wirkungslogik des Grundmodells zurückgegriffen werden. Dies führt zu einem höheren Aufwand beim Aufbau der Ursache-Wirkungsbeziehungen, zumal die Problematik einer sinnvollen Positionierung der weiteren Perspektive im Ursache-Wirkungsgefüge der klassischen Perspektiven besteht.

Besonders hervorzuheben ist der vierte Nachteil einer Gesundheitsperspektive: Gesundheitsbelange erhalten hierdurch einen Sonderstatus, der auch dahingehend interpretiert werden kann, dass Gesundheitsarbeit losgelöst vom sonstigen Betriebsgeschehen stattfindet und keine Aufgabe von Linienverantwortlichen ist (vgl. Hahn et al., 2002, S. 60). Eine separierende Sichtweise wird dem BGM als Querschnittsaufgabe nicht gerecht. Die Gefahr einer Isolation steigt, wenn die hinzugefügte Perspektive nicht umfassend in die Ursache-Wirkungszusammenhänge der BSC eingebunden wird (vgl. Gminder et al., 2002, S. 122). Im Ergebnis kann eine eigene Perspektive für Gesundheitsaspekte auf die Integration von Gesundheitsthemen in das Alltagsgeschäft eher kontraproduktiv wirken.

5.2.3 Erstellung einer eigenständigen Gesundheits-BSC

Die bisherigen Überlegungen beruhen auf der Annahme, dass der BSC eine Strategie zugrunde liegt, die die Gesundheit der Mitarbeiter berücksichtigt, die aber nicht ausschließlich auf die betriebliche Gesundheitssituation ausgerichtet ist. In der Folge entstehen BSCs, die einzelne Gesundheitsaspekte enthalten und im Übrigen andere Inhalte umfassen. Einzelne, stark aggregierte Ziele reichen für die Steuerung des BGM nicht aus (vgl. Horváth, Gamm & Isensee, 2009, S. 131). Hierfür bedarf es mehr Steuerungsgrößen sowie einer direkten Verknüpfung der Kennzahlen mit den

Prozessen und Maßnahmen des BGM (vgl. ebenda, S. 131). Darum sollte für das BGM eine eigene BSC entwickelt werden. Diese Gesundheits-BSC kann den Besonderheiten des BGM auch strukturell Rechnung tragen und wird deshalb in der Perspektivengestaltung vom Grundmodell abweichen (vgl. Abschn. 5.3.3).

Eine Unternehmensstrategie besteht aus mehreren Teilstrategien (vgl. Oechsler, 2011, S. 119). Hierzu gehören z. B. die Produktionsstrategie, die Marketingstrategie oder die Personalstrategie. Dementsprechend lässt sich auch eine Teilstrategie formulieren, die als Richtschnur für die betriebliche Gesundheitsarbeit dient (vgl. Abschn. 5.3.2). Eine explizite Gesundheitsstrategie ist Voraussetzung, um die BSC in Form einer Gesundheits-BSC an den Kontext des BGM anzupassen (vgl. Horváth, Gamm & Isensee, 2009, S. 136). Die Gesundheits-BSC operationalisiert die Gesundheitsstrategie in strategische Ziele, Kennzahlen, Zielwerte und Maßnahmen. Auch in die Gesundheits-BSC dürfen ausschließlich strategisch relevante Inhalte aufgenommen werden. Im Unterschied zu den zuvor erörterten Integrationsvarianten ist hierfür die Gesundheitsstrategie der Maßstab.

Eine eigenständige Gesundheits-BSC bietet den notwendigen Raum, um die Gesundheitsstrategie in ein ausgewogenes Ziel- und Kennzahlensystem zu übersetzen. Der Koordinator des Gesundheitsbereichs ist zugleich Adressat und Nutzer einer Gesundheits-BSC (vgl. ebenda, S. 133). Zum einen ermöglicht sie ihm eine zielgerichtete Steuerung seines Bereichs (vgl. ebenda, S. 133). Zum anderen unterstützt sie die Kommunikation und Argumentation gegenüber der Unternehmensleitung, indem sie aufzeigt, wie der Wertbeitrag des BGM entstehen soll (vgl. ebenda, S. 133).

Darüber hinaus ist der Prozess zur Erarbeitung einer BSC wertvoll (vgl. Weber & Schäffer, 2000, S. 16).[13] Das Erfordernis einer Gesundheitsstrategie bedingt eine Phase der Strategieformulierung, in der die impliziten und oftmals divergierenden Erwartungen an das BGM offengelegt werden müssen. Der notwendige Konsens über die strategische Ausrichtung des BGM wird sich erst durch intensive Diskussionen der Verantwortlichen herausbilden. Dabei ist auch die Rolle des BGM im Unternehmen zu klären (vgl. Horváth, Isensee & Gamm, 2010, S. 63). Insofern ist ein

---

[13] Die einzelnen Schritte zur Entwicklung einer Gesundheits-BSC werden in Abschnitt 5.3 behandelt.

weiterer Vorzug der Gesundheits-BSC darin zu sehen, dass sie eine Auseinandersetzung mit den strategischen Grundlagen des BGM anstößt.

Als Nachteil einer Gesundheits-BSC ist der hohe Erstellungsaufwand zu nennen. Der Prozess ist zeitintensiv und erfordert die Einbindung verschiedener Akteure. Im Übrigen besteht die Gefahr einer Isolation des BGM innerhalb des Unternehmens, wenn unter Verweis auf die Gesundheits-BSC auf eine Integration von Gesundheitsaspekten in die sonstigen BSCs verzichtet wird bzw. die vorhandenen BSCs nicht mit der Gesundheits-BSC vernetzt werden. Angesichts dessen ist es für eine unternehmensweite Umsetzung der Gesundheitsstrategie unerlässlich, die Gesundheits-BSC mit den bestehenden Instrumenten der Leistungsmessung und Steuerung zu verknüpfen (vgl. Horváth, Gamm & Isensee, 2009, S. 136).

5.2.4 Vergleich der Integrationsansätze und Klärung ihres Verhältnisses

Bei der Erläuterung der drei unterschiedlichen Ansätze zur Integration von Gesundheitsaspekten in die BSC wurde deutlich, dass alle Ansätze Stärken und Schwächen aufweisen. Eine pauschale Anwendungsempfehlung zugunsten einer Variante kann nicht abgegeben werden. Für die Methodenwahl ist entscheidend, wie hoch die strategische Bedeutung von Gesundheit ist. In diesem Zusammenhang kommt außerdem zum Tragen, auf welche Organisationsebene sich die BSC bezieht und welchem Zweck die Integration dient.

In der Unternehmensstrategie bzw. in der Strategie einzelner Geschäftsbereiche wird das Hauptaugenmerk gewöhnlich nicht auf der Mitarbeitergesundheit liegen. Folglich kommt in diesbezüglichen BSCs eine eigene Gesundheitsperspektive i. d. R. nicht in Betracht. Eine auf die Unternehmens- bzw. Geschäftsbereichsstrategie bezogene BSC dient dem dortigen Top-Management als strategischer Fokus und bestimmt damit auch das Ausmaß, in dem ein Handlungsfeld beachtet wird. Durch eine Integration einzelner gesundheitsbezogener Ziele in die Unternehmens-BSC gelingt es zumindest, die Gesundheitsthematik im Wahrnehmungsbereich der obersten Führungsebene zu platzieren (vgl. ebenda, S. 131). Dieser Effekt ist nicht zu unterschätzen, da dem innerbetrieblichen Wettbewerb um Ressourcen ein Wettbewerb um Aufmerksamkeit vorausgeht. Vor diesem Hintergrund eignet sich die Integration von Gesundheitsaspekten in die vier klassischen Perspektiven, um das Thema in BSCs auf höchster Organisationsebene zu verankern und damit in das Sichtfeld der Unternehmensleitung zu rücken.

In Teilstrategien hingegen kann die Mitarbeitergesundheit einen herausgehobenen Stellenwert einnehmen. Bspw. lässt sich die Personalstrategie entsprechend formulieren. In diesem Fall wäre die BSC der Personalabteilung um eine Gesundheitsperspektive zu erweitern. Eine eigene Perspektive bietet nicht nur mehr Raum für Gesundheitsaspekte, sondern erhöht auch deren Sichtbarkeit innerhalb der BSC. Die Anschaulichkeit erleichtert es im Rahmen der Strategiekommunikation, den Mitarbeitern die hohe Priorität von Gesundheitsbelangen zu vermitteln.

Die beiden vorgenannten Integrationsansätze schließen sich nicht gegenseitig aus (vgl. Figge et al., 2002, S. 275; Hansen & Schaltegger, 2014, S. 19). Es ist denkbar, nur jene Gesundheitsaspekte in einer eigenen Perspektive zu erfassen, die keiner anderen Perspektive zugeordnet werden konnten. Allerdings ist fraglich, ob diese nicht zuordenbaren Aspekte eine so hohe strategische Relevanz besitzen, dass sie eine eigene Perspektive in der BSC rechtfertigen. Im Regelfall wird Gesundheit in der Strategie eines Unternehmens, eines Geschäftsbereichs oder einer Abteilung nur einer von mehreren Gesichtspunkten sein. Mithin reicht eine Integration in die vorhandenen Perspektiven *oder* in eine eigene Perspektive aus, um Gesundheit in der BSC angemessen zu berücksichtigen. Eine Vermengung der Ansätze dürfte sich daher kaum mit der vom BSC-Konzept postulierten Strategieorientierung und Ausgewogenheit vereinbaren lassen.

Verfügt das Unternehmen über eine explizite Gesundheitsstrategie, können Gesundheitsaspekte in eine eigenständige BSC integriert werden. Sie dient insbesondere als Instrument zur strategiegeleiteten Steuerung des BGM. Die Gesundheits-BSC sollte mit den anderen BSCs des Unternehmens vernetzt werden, damit sie ihr Koordinationspotenzial umfassend entfalten kann (vgl. Hahn et al., 2002, S. 62). Dabei sind die gesundheitsbezogenen Ziele, Kennzahlen und Maßnahmen aller BSCs mit den Inhalten der Gesundheits-BSC abzustimmen. Dies ermöglicht eine konsequente Umsetzung der Gesundheitsstrategie im gesamten Unternehmen. Demzufolge sollte eine Gesundheits-BSC nicht dazu führen, in den übrigen BSCs auf eine Integration von Gesundheitsaspekten zu verzichten.

Vor diesem Hintergrund lassen sich zwei Schlussfolgerungen ziehen: Erstens können die drei Integrationsansätze in einem Unternehmen parallel zur Anwendung kommen. Eine allgemeine Festlegung auf eine Methode ist nicht erforderlich. Für jede BSC ist einzeln zu entscheiden, welcher Ansatz passend und zweckmäßig ist. Bei einer situationsgerechten Auswahl werden Gesundheitsaspekte entsprechend ihrer jeweiligen strategischen Bedeutung in die BSC eingebunden. Zweitens ergänzen sich die Integrationsansätze, indem sie verschiedene Schwerpunkte setzen, die für unterschiedliche Organisationebenen relevant sind. Der Fokus kann z. B. auf der Themenplatzierung in der Unternehmensleitung, auf der Strategiekommunikation gegenüber den Mitarbeitern oder auf der Steuerung des BGM liegen. Erst durch eine gezielte Kombination der Ansätze lassen sich die Nutzenpotenziale des BSC-Konzepts für das BGM vollständig realisieren. In Tabelle 3 werden die wesentlichen Untersuchungsergebnisse zu den drei Integrationsansätzen zusammengefasst und gegenübergestellt.

	Eingliederung in die vier klassischen BSC-Perspektiven	Erweiterung der BSC um eine Gesundheits-perspektive	Erstellung einer eigenständigen Gesundheits-BSC
Relevanz von Gesundheit	Gesundheit als eines von vielen strategisch relevanten Themen	Herausgehobene Bedeutung von Gesundheit für den Strategieerfolg	Gesundheit als Kern und Zielrichtung der Strategie
Vorteile	- Erhalt der Logik des BSC-Grundmodells - Geringer Zusatzaufwand im Fall einer bestehenden BSC - Keine Sonderbehandlung von Gesundheitsthemen	- Raum für mehrere gesundheitsbezogene Ziele und Kennzahlen - Symbol für Gleichrangigkeit von Gesundheit mit anderen Kernthemen	- Raum zur Operationalisierung der Gesundheitsstrategie - Transparenz des Erfolgsbeitrags des BGM - Anstoß zur Auseinandersetzung mit den strategischen Grundlagen des BGM
Nachteile	- Wenig Raum für gesundheitsbezogene Inhalte - Hoher Aggregationsgrad der Gesundheitsaspekte (allgemeine Ziele, Indizes als Kennzahlen) - Entstehende BSCs sind zur Steuerung des BGM ungeeignet	- Einbußen bei Komplexitätsreduktion - Problematik der Positionierung im Ursache-Wirkungsgefüge - Akzeptanzverlust bei strategisch nicht gerechtfertigter Schwerpunktsetzung - Sonderstatus steht Integration ins Alltagsgeschäft entgegen	- Aufwand zur Formulierung einer Gesundheitsstrategie - Hoher Zeit- und Personalaufwand zur Erstellung der BSC - Gefahr der Isolierung bei fehlender unternehmensweiter Vernetzung
Nutzenpotenziale	- Verankerung von Gesundheitsaspekten in BSCs aller Ebenen - Platzierung der Gesundheitsthematik im Wahrnehmungsbereich der Unternehmensleitung	- Verdeutlichung der hohen strategischen Relevanz von Gesundheitsbelangen - Unterstützung der Kommunikation gegenüber den Mitarbeitern	- Zielgerichtete Steuerung des Gesundheitsbereichs - Unterstützung bei der Vermittlung der Gesundheitsstrategie im Unternehmen
Anwendungsbeispiel	BSC auf Unternehmens- oder Geschäftsbereichsebene	BSC für das Personalmanagement	BSC für das Betriebliche Gesundheitsmanagement

Tab. 3: Vergleich der Integrationsansätze (eigene Darstellung)

Als Zwischenfazit bleibt festzuhalten, dass drei komplementäre Ansätze bestehen, um Gesundheitsaspekte in die Struktur einer BSC zu integrieren. Im Hinblick auf die Steuerung des BGM ist eine eigenständige BSC den anderen Ansätzen überlegen. Deshalb wird auf den Entwicklungsprozess einer solchen Gesundheits-BSC im folgenden Abschnitt näher eingegangen.

5.3 Entwicklung einer Gesundheits-BSC

Die Entscheidung, für das BGM eine eigenständige BSC einzuführen, ist der Ausgangspunkt für einen mehrstufigen Erstellungsprozess. Im Allgemeinen besteht der Prozess zur Entwicklung einer BSC aus folgenden Schritten (vgl. Horváth, Gaiser & Vogelsang, 2006, S. 159–164):

1. Schaffung der organisatorischen Voraussetzungen
2. Klärung der strategischen Grundlagen
3. Auswahl der Perspektiven
4. Ableitung der strategischen Ziele
5. Bestimmung der Ursache-Wirkungsbeziehungen
6. Auswahl der Messgrößen
7. Festlegung der Zielwerte
8. Ausarbeitung von Maßnahmen

Auch zur Erarbeitung einer BSC für das BGM sind diese Schritte nacheinander zu durchlaufen (vgl. Horváth, Gamm & Isensee, 2009, S. 134–135; Wellmann, 2012b, S. 165–166). Sowohl das BGM als auch die in BSC-Inhalte zu überführenden Gesundheitsaspekte weisen einige Besonderheiten auf, die bei der Bewältigung der einzelnen Phasen zum Tragen kommen. Entsprechend der zweiten Forschungsfrage liegt der Schwerpunkt der Ausführungen auf diesen Spezifika und den damit einhergehenden Auswirkungen auf die Erstellung einer Gesundheits-BSC.

5.3.1 Schaffung eines organisatorischen Rahmens

Der Prozess zum Aufbau einer BSC beginnt mit der Festlegung der Organisationseinheit, deren Strategie umgesetzt werden soll (vgl. Kaplan & Norton, 1997, S. 290). Daraus ergeben sich zwei Implikationen: Zum einen bestimmt der Strategiebedarf einer Organisationseinheit, ob sie für eine BSC in Frage kommt (vgl. ebenda, S. 291).

Zum anderen wird eine Übereinstimmung von Organisationsstruktur und Reichweite der Strategie angenommen (vgl. ebenda, S. 161).

Wenn das BGM über eine Ansammlung von unkoordinierten Einzelmaßnahmen hinausgehen und seine Potenziale in einen Wertbeitrag umwandeln soll, ist hierfür eine Strategie erforderlich (vgl. Horváth, Gamm & Isensee, 2009, S. 127; Möller et al., 2008, S. 248–249). Erst im Lichte einer Strategie lässt sich die Bedeutung und der Wert der Aktivitäten des BGM für das Unternehmen erkennen (vgl. Braun, Kliesch & Iserloh, 2007, S. 178; Kaplan & Norton, 2004, S. 181–182; Westermayer & Stein, 2006, S. 207). Der Strategiebedarf ist daher zu bejahen.

Sofern die Gesundheitsstrategie einem erweiterten Gesundheitsverständnis Rechnung trägt, tangiert sie eine Vielzahl von Zuständigkeiten, die i. d. R. nicht in einer Organisationseinheit gebündelt sind. Zugleich kann ein BGM, das Arbeits- und Gesundheitsschutz und Betriebliche Gesundheitsförderung vereint sowie auf eine umfassende Verbesserung der Gesundheitssituation im gesamten Unternehmen abzielt, nicht allein von einer einzelnen Abteilung betrieben werden (vgl. Kesting & Meifert, 2004, S. 29). Es ist vielmehr als Querschnittsaufgabe anzusehen, die durch stark verteilte Verantwortlichkeiten gekennzeichnet ist (vgl. Braun, 2009b, S. 150; Dunckel, 2014, S. 190; Horváth et al., 2010, S. 52). Abbildung 5 veranschaulicht eine typische Akteurskonstellation in einem breit angelegten BGM.

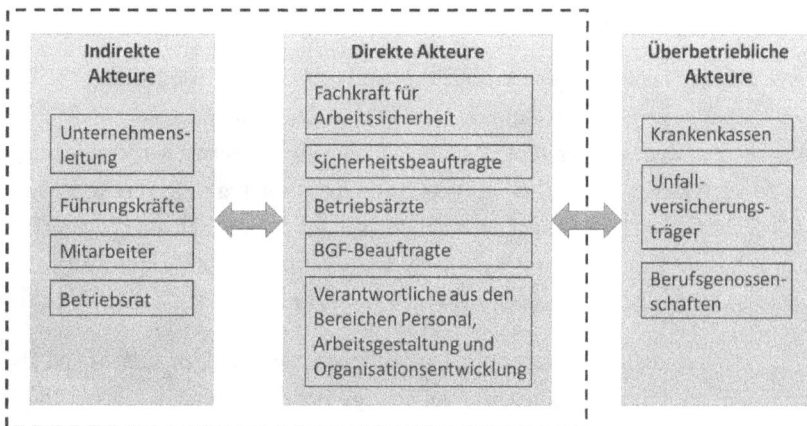

Abb. 5: Typische Akteurskonstellation im BGM (vgl. Horváth et al., 2010, S. 52; Ritter, 2003, S. 156–164)

Angesichts dessen bedarf es einer funktions- und hierarchieübergreifenden Zusammenarbeit, in die auch überbetriebliche Akteure eingebunden werden müssen. Um für diese Konstellation eine BSC zu erstellen, ist ein Gesundheitsbereich zu definieren, der alle Handlungsfelder des BGM umfasst und neben Fachexperten auch Führungskräfte und Mitarbeiter einbezieht. Da sich dieser Gesundheitsbereich im Unternehmen nicht als organisatorische Einheit wiederfindet, wird er als *virtuell* bezeichnet (vgl. Horváth, Gamm & Isensee, 2009, S. 131; Kaplan & Norton, 2001, S. 168). Er legt den möglichen Wirkungsradius der Gesundheits-BSC fest. Für den Gesundheitsbereich sollte ein Verantwortlicher bestimmt werden, der die BGM-Akteure koordiniert (vgl. Horváth, Gamm, Möller et al., 2009, S. 40). Zu seinen ersten Aufgaben gehört es, innerhalb des Gesundheitsbereichs ein gemeinsames Gesundheitsverständnis zu entwickeln, was angesichts der zahlreichen Fachdisziplinen nicht vorausgesetzt werden kann.

Neben diesem grundlegenden und für das BGM spezifischen Schritt sind vor der erstmaligen Erstellung einer BSC weitere organisatorische Voraussetzungen zu schaffen. Die Einführung einer Gesundheits-BSC erfüllt die Definitionsmerkmale eines Projekts (vgl. Bea, Scheurer & Hesselmann, 2011, S. 32–34), weshalb die Prinzipien des Projektmanagements zur Anwendung kommen sollten. Die zu bildende Projektgruppe kann ggf. auf einem bestehenden Arbeitskreis der BGM-Akteure aufbauen (vgl. Westermayer & Stein, 2006, S. 128). Ihre Zusammensetzung sollte den definierten Gesundheitsbereich möglichst vollständig repräsentieren.

Durch die Einbindung von Vertretern aller betroffenen Bereiche werden zwei Effekte erzielt: Zum einen fließt die Expertise der BGM-Akteure von Beginn an in die Projektarbeit ein. Zum anderen fördert die Beteiligung die Akzeptanz der Veränderung und beugt Widerständen gegen das neue Instrument vor (vgl. Pfetzing & Rohde, 2014, S. 159–161). Hierzu trägt auch eine frühzeitige Information aller Mitarbeiter über Anlass, Ausgangslage und Ziele des Vorhabens bei, z. B. im Rahmen einer Betriebsversammlung (vgl. ebenda, S. 164).

Im Ergebnis sind die zur Durchführung des Projekts notwendigen aufbau- und ablauforganisatorischen Regelungen zu treffen (vgl. Horváth, Gamm & Isensee, 2009, S. 134). Besonderes Augenmerk ist auf die Rolle des Top-Managements zu legen.

Ohne das Engagement der obersten Führungsebene sollte ein BSC-Projekt nicht begonnen werden (vgl. Kaplan & Norton, 1997, S. 284). Dementsprechend ist sicherzustellen, dass die Unternehmensleitung die Entwicklung einer Gesundheits-BSC aktiv unterstützt und in der Projektgruppe vertreten ist.

5.3.2 Erarbeitung einer Gesundheitsstrategie

Die BSC ist in erster Linie ein Instrument zur Strategieumsetzung, nicht zur Strategieformulierung (vgl. ebenda, S. 36). Die Entwicklung einer BSC für das BGM setzt daher eine explizite Gesundheitsstrategie voraus (vgl. Horváth et al., 2010, S. 60). Sofern bereits eine ausformulierte Gesundheitsstrategie vorliegt, beschränkt sich dieser Schritt auf die Überprüfung deren Validität und Konsistenz (vgl. Horváth & Partners, 2007, S. 79). Ggf. sind Aktualisierungen oder Präzisierungen erforderlich. Der Austausch über die Strategie in der Projektgruppe fördert außerdem ein gemeinsames Strategieverständnis der Beteiligten.

Verfügt hingegen ein Unternehmen bisher nicht über eine explizite Gesundheitsstrategie, ist diese zu entwickeln, bevor mit der Gestaltung der BSC begonnen wird. Zwar existieren für das BGM keine Normstrategien (vgl. Horváth, Gamm, Möller et al., 2009, S. 192), gleichwohl lassen sich aus den Merkmalen eines breit angelegten BGM Empfehlungen ableiten: Die Gesundheitsstrategie sollte auf einem erweiterten Gesundheitsverständnis basieren, d. h. physische, psychische und soziale Aspekte berücksichtigen, salutogen ausgerichtet sein und sowohl am individuellen Verhalten als auch an den betrieblichen Verhältnissen ansetzen (vgl. Horváth et al., 2010, S. 50).

Die Gesundheitsstrategie muss sich als Teilstrategie in das Strategiegefüge des Unternehmens einpassen (vgl. ebenda, S. 63). Folglich bedarf es neben einer Ausrichtung an der übergeordneten Unternehmensstrategie auch einer Abstimmung mit den übrigen Teilstrategien (z. B. Personalstrategie). Hierfür ist zu analysieren, welche Konsequenzen sich aus der Unternehmensstrategie und ihren Teilstrategien für das BGM ergeben. Mit Blick auf mögliche Zielkonflikte empfiehlt es sich außerdem, die Rolle des BGM im Unternehmen grundsätzlich zu klären (vgl. Möller et al., 2008, S. 250).

Für die Strategieentwicklung ist maßgebend, welche Unternehmensziele durch die Aktivitäten des BGM beeinflusst werden und welche konkreten Erwartungen sich hierbei an das BGM richten (vgl. Horváth, Gamm & Isensee, 2009, S. 134). Indem die Unternehmensleitung vom BGM einen definierten Beitrag zur Erreichung der Unternehmensziele einfordert, bestimmt sie zugleich dessen notwendiges Leistungspotenzial. Mithin leiten sich die Anforderungen an das BGM aus den übergeordneten Zielsetzungen und Erwartungen ab. Dies allein schafft indes noch keine ausreichende Grundlage zur Strategieformulierung. Erst der Abgleich mit der Ausgangssituation erlaubt es, die nötigen Entwicklungsschritte hinreichend präzise festzulegen.

Zur Ermittlung der Ausgangssituation bietet sich eine strategische Analyse an, die interne und externe Analyseschritte umfasst (vgl. Hungenberg, 2014, S. 86). Im Rahmen der externen Analyse wird das Unternehmensumfeld systematisch auf Chancen und Risiken untersucht (vgl. Bausch, 2006, S. 198). Für das BGM sind insbesondere folgende Umfeldbereiche relevant:

- Gesetzgebung (z. B. Arbeitsschutzgesetze, Förderung der Betrieblichen Gesundheitsförderung nach SGB V bzw. EStG)
- Gesellschaft (z. B. wachsender Stellenwert von Gesundheit, höhere Erwartungen der Arbeitnehmer in Bezug auf die Vereinbarkeit von Arbeits- und Privatleben)
- Demografische Entwicklungen (z. B. Rückgang des Erwerbspersonenpotenzials, steigendes Durchschnittsalter der Belegschaften)
- Arbeitswissenschaft und Arbeitsmedizin (z. B. neue wissenschaftliche Erkenntnisse zur gesundheitsgerechten Arbeitsgestaltung)

Inwieweit ein Unternehmen die Chancen wahrnehmen und die Risiken bewältigen kann, hängt von seinen Stärken und Schwächen ab (vgl. Hungenberg, 2014, S. 144). Daher lenkt die interne Analyse den Blick auf die Leistungsfähigkeit des BGM. Ein wichtiger Gradmesser sind die bisherigen Ergebnisse des BGM, die sich bspw. in der Arbeits- und Organisationsgestaltung, in der Unternehmenskultur oder im Führungskräfteverhalten widerspiegeln. Um in diesem Zusammenhang ein strukturiertes Vorgehen zu gewährleisten, ist eine Selbstbewertung nach dem EFQM-Modell hilfreich (vgl. Paul & Wollny, 2014, S. 37). Ein hierauf basierendes Bewertungsmodell für das BGM wurde bereits entwickelt (vgl. Zink, 2004, S. 431–436; Zink, Thul, Hoffmann & Fleck, 2009, S. 173–174).

Die Gesundheitsstrategie legt die beabsichtigte mittel- bis langfristige Entwicklung des BGM fest. Deshalb ist der tatsächliche Entwicklungsbedarf entscheidend für eine präzise Strategie-formulierung. Die strategisch relevanten Defizite des BGM zeigen sich beim Abgleich der aus der Unternehmensstrategie und den erwarteten Zielbeiträgen abgeleiteten Anforderungen mit der ermittelten Ausgangssituation gemäß strategischer Analyse (vgl. Abb. 6). Auf dieser Grundlage lassen sich die wesentlichen Handlungsfelder zur Defizitbeseitigung festlegen (vgl. Bühner, 2005, S. 24). Sie werden auch als *strategische Stoßrichtungen* bezeichnet (vgl. Horváth, Gamm & Isensee, 2009, S. 135) und beziehen sich bspw. auf die Reduzierung psychischer Belastungen oder auf die Schaffung alternsgerechter Arbeitsbedingungen.

Abb. 6: Erarbeitung einer Gesundheitsstrategie (eigene Darstellung)

Am Ende dieser Phase sollte eine in das Strategiegefüge des Unternehmens passende Gesundheitsstrategie vorliegen, die von allen Mitgliedern der Projektgruppe einheitlich verstanden und befürwortet wird. Die Gesundheitsstrategie bestimmt die intendierte Fortentwicklung des BGM und ist die Grundlage für alle weiteren Schritte zur Erstellung der BSC.

5.3.3 Festlegung des Perspektivenaufbaus

Die Ausgewogenheit einer BSC beruht u. a. darauf, dass sie eine einseitig finanzielle Sichtweise vermeidet, indem Ziele aus mehreren Perspektiven entwickelt werden. Das BSC-Grundmodell bietet hierfür eine Ausgangsbasis, die unternehmens- und funktionsspezifisch angepasst werden kann (vgl. Abschn. 5.1). Somit sind die Perspektiven einer Gesundheits-BSC mit Blick auf die Gegebenheiten das BGM auszugestalten. Im Ergebnis sollte eine Perspektivenstruktur entstehen, die den Kern der Gesundheitsstrategie erfasst und der Ursache-Wirkungslogik des BSC-Konzepts Rechnung trägt. Auf beide Aspekte wird nun eingegangen.

Die Perspektiven einer Gesundheits-BSC sind thematisch so zu gestalten, dass sich ihnen alle wesentlichen Elemente der Gesundheitsstrategie zuordnen lassen. Da die Gesundheitsstrategie unternehmensindividuell formuliert wird, existiert kein allgemeingültiges Perspektivenmodell. Gleichwohl weist das BGM einige generelle Besonderheiten auf, die sich in der BSC-Architektur niederschlagen. Wichtig ist in diesem Zusammenhang der interne Charakter der Leistungen des BGM. Daher kann weder die Kundenperspektive noch die finanzwirtschaftliche Perspektive in ihrer originären Form in die Gesundheits-BSC übernommen werden.

Als internem Dienstleister fehlt es dem BGM an unmittelbarem Kontakt zu den Kunden des Unternehmens. Es bietet sich an, die Mitarbeiter als Kunden des BGM zu betrachten und in der BSC eine interne Kundenperspektive einzurichten (vgl. Baumanns, 2009, S. 132–133; Köper, Möller & Zwetsloot, 2009, S. 417). Perspektivenbezeichnungen wie „Gesundheit und Beschwerden" (Möller et al., 2008, S. 264) oder „Gesundheit und Leistung" (Horváth et al., 2010, S. 60) betonen den spezifischen Blickwinkel des BGM auf die Mitarbeiter und drücken unterschiedliche strategische Akzentsetzungen aus.

Ferner erzielt das BGM keine Erträge im Sinne von Umsatzerlösen, weshalb es selbst keinen Gewinn erwirtschaften kann. Stattdessen bemisst sich der Erfolg des BGM nach seinem Beitrag zum Erreichen der Unternehmensziele sowie zur Steigerung des Unternehmenswerts (vgl. Horváth, Gamm & Isensee, 2009, S. 131–132). Dies kann z. B. durch Kostensenkungen, Qualitätsverbesserungen oder Produktivitätssteigerungen erreicht werden. Dementsprechend wird die Finanzperspektive angepasst und mit „Erfolg" (Möller et al., 2008, S. 264) „Kosten und Nutzen" (Braun et al., 2007, S. 178) oder „Wertbeitrag" (Horváth et al., 2010, S. 60) bezeichnet.

Demgegenüber bedarf die interne Prozessperspektive keiner begrifflichen Modifikation. Sie erfordert jedoch eine inhaltliche Abgrenzung: Durch Maßnahmen des BGM können Prozesse *im Unternehmen* verändert werden (z. B. gesundheitsförderliche Arbeitsgestaltung in der Produktion). Hiervon zu trennen sind die Prozesse *im BGM* (z. B. Zusammenarbeit der BGM-Akteure). In einer eigenständigen BSC für das BGM bezieht sich die interne Prozessperspektive auf die Prozesse des BGM und nicht auf die Prozesse des (internen) Kunden.[14] Aspekte einer vom BGM initiierten gesundheitsgerechten Prozessgestaltung im Unternehmen können in der Kunden-perspektive berücksichtigt werden. Liegt hierauf der Schwerpunkt der Gesundheits-strategie, ist eine zusätzliche Perspektive einzurichten, in der die Arbeitsbedingun-gen eigens betrachtet werden (vgl. Bienert & Razavi, 2007, S. 100; Wellmann, 2012b, S. 165).

Des Weiteren ist die Lern- und Entwicklungsperspektive auf das BGM zu übertra-gen. Sie beleuchtet die dem BGM zur Verfügung stehenden finanziellen und perso-nellen Ressourcen sowie die Kompetenzen der BGM-Akteure (vgl. Horváth, Gamm, Möller et al., 2009, S. 166). Die herkömmliche Lern- und Entwicklungsperspektive wird z. T. auch als Mitarbeiterperspektive verstanden (vgl. Friedag & Schmidt, 2002, S. 28). Um eine Verwechslung von Akteuren und Zielgruppen des BGM zu vermei-den, empfiehlt sich eine klare begriffliche Trennung, z. B. durch die Bezeichnung „Potenziale des BGM" (Horváth et al., 2010, S. 60).

Ferner ist bei der BSC-Architektur zu berücksichtigen, dass die Perspektiven später durch kausal verkettete Ziele und Kennzahlen verbunden sein sollen. Folglich muss der Perspektivenaufbau logische Ursache-Wirkungszusammenhänge ermöglichen. Zwar ist im BSC-Grundmodell keine hierarchische Ordnung der Perspektiven er-kennbar (vgl. Kaplan & Norton, 1997, S. 9), jedoch verlaufen die Kausalketten un-idirektional und enden stets in der Finanzperspektive (vgl. ebenda, S. 29), sodass zumindest implizit eine Perspektivenhierarchie angenommen wird (vgl. Horváth & Kaufmann, 2006, S. 140). Mithin bedarf es einer Klärung, in welchem Verhältnis die für die Gesundheits-BSC ausgewählten Perspektiven zueinander stehen.

---

[14] In der Literatur fehlt diese Differenzierung häufig (vgl. Horváth, Gamm, Möller et al., 2009, S. 166; Schmidt et al., 2010, S. 81). Dadurch werden unterschiedliche Blickwinkel vermischt und es kommt zu einer Ballung von Zielen und Kennzahlen in der Prozessperspektive (vgl. Horváth, Gamm, Möller et al., 2009, S. 168, 174).

Dabei kann von folgenden idealtypischen Zusammenhängen ausgegangen werden (vgl. Horváth, Gamm, Möller et al., 2009, S. 41–49; Horváth, Gamm & Isensee, 2009, S. 132):

- Die Gesundheit der Mitarbeiter wirkt sich auf Erfolgsgrößen des Unternehmens aus. Durch eine Verbesserung der betrieblichen Gesundheitssituation wird der Unternehmenserfolg gesteigert (**Gesundheit der Mitarbeiter → Erfolgsbeitrag**).

- Die Prozesse des BGM beeinflussen die Mitarbeitergesundheit. Eine Optimierung der Prozessgestaltung im Gesundheitsbereich bewirkt eine Verbesserung der betrieblichen Gesundheitssituation (**Prozesse des BGM → Gesundheit der Mitarbeiter**).

- Die Qualität der Prozesse des BGM hängt von den Potenzialen des BGM ab. Eine Ausweitung der Ressourcen und Fähigkeiten der BGM-Akteure führt zu verbesserten BGM-Prozessen (**Potenziale des BGM → Prozesse des BGM**).

Verkettet man diese Zusammenhänge, ergibt sich das nachfolgende Ursache-Wirkungsschema: **Potenziale des BGM → Prozesse des BGM → Gesundheit der Mitarbeiter → Erfolgsbeitrag**. Somit ermöglicht der Perspektivenaufbau durchgängige Kausalketten in der Gesundheits-BSC.

Bei Abschluss dieses Entwicklungsschritts liegen mehrere Perspektiven vor, die an die Bedürfnisse des BGM angepasst sind, alle strategisch relevanten Gesichtspunkte abdecken und sinnvolle Ursache-Wirkungsbeziehungen zulassen. Die Perspektiven bilden den Rahmen der Gesundheits-BSC, der in den weiteren Schritten mit Inhalten gefüllt wird.

5.3.4 Übersetzung der Gesundheitsstrategie in ein ausgewogenes Zielsystem

Die Operationalisierung der Gesundheitsstrategie beginnt mit der Formulierung von strategischen Zielen. Um der konsequenten Strategieorientierung des BSC-Konzepts gerecht zu werden, sind die Ziele unter Beachtung der Perspektivensicht direkt aus der Strategie abzuleiten. Das Zielsystem kann bspw. im Rahmen eines Workshops ausgearbeitet werden.

Die strategischen Ziele spezifizieren die durch die Strategie allgemein beschriebene Entwicklungsabsicht für jede der ausgewählten Perspektiven (vgl. Reichmann, 2011, S. 558). Bei der Erarbeitung der Ziele sollte die strategische Relevanz maßgebend sein, nicht die Messbarkeit der Zielerreichung (vgl. Schäffer, 2003a, S. 509). Jeder Perspektive der Gesundheits-BSC liegt eine Fragestellung zugrunde, die für die Ausarbeitung der Ziele erkenntnisleitend ist. Diese Leitfragen sowie mögliche strategische Ziele sind in Tabelle 4 aufgeführt.

Perspektive	Leitende Fragestellung	Beispiele für strategische Ziele
Erfolgs- beitrag des BGM	Welche Kosten- und Nutzenziele müssen gesetzt werden, damit das BGM den erwarteten Beitrag zur Erreichung der Unternehmensziele leistet?	- Produktivität steigern - Qualität verbessern - Fehlzeiten senken - Fluktuation senken
Interne Kunden des BGM	Welche Ziele sind im Hinblick auf die Mitarbeiter aus der Gesundheitsstrategie abzuleiten, um die Kosten- und Nutzenziele zu erreichen?	- Leistungsfähigkeit steigern - Leistungsbereitschaft und Commitment stärken - Gesundheit und Wohlbefinden verbessern - Arbeitssicherheit erhöhen - Führungsverhalten verbessern
Prozesse des BGM	Wie sind die erfolgskritischen Prozesse des BGM zu gestalten, um die Gesundheitsziele sowie die Kosten- und Nutzenziele zu erreichen?	- Durchdringungsgrad erhöhen - Bedarfsgerechtigkeit verbessern - Kommunikation verstärken - Kooperation ausweiten
Potenziale des BGM	Welche Voraussetzungen sind zu schaffen, damit sich das BGM strategiegerecht entwickelt und seine Ziele in den anderen Perspektiven erreichen kann?	- Gesundheitsbewusstsein auf allen Unternehmensebenen etablieren - Führungskräfte einbinden - Kompetenzen der BGM-Akteure fördern - Externes Expertennetz aufbauen

Tab. 4: Erarbeitung strategischer Ziele für das BGM (vgl. Horváth, Gamm & Isensee, 2009, S. 132; Schmidt et al., 2010, S. 81)

Zur Sicherstellung der Handhabbarkeit des Instruments sollte die Anzahl der strategischen Ziele auf 20 begrenzt werden (vgl. Abschn. 5.2.1). Im Anschluss an die
Sammlung von Zielvorschlägen wird i. d. R. eine Auswahl zu treffen sein, was eine
Priorisierung erfordert. Im Rahmen der Gesundheits-BSC erscheinen hierfür die Kriterien Erfolgseinfluss und Beeinflussbarkeit (vgl. Weber & Schäffer, 2000, S. 24)
geeigneter als die ebenfalls in der Literatur genannten Wettbewerbsrelevanz und
Handlungsbedarf (vgl. Horváth & Partners, 2007, S. 166).

Stehen die strategischen Ziele fest, sind diese zu verknüpfen, indem ihre Ursache-
Wirkungsbeziehungen herausgearbeitet werden. Die besondere Schwierigkeit für das
BGM besteht darin, dass sowohl die Gesundheitsentstehung als auch die Gesund-
heitswirkungen im Betrieb von komplexen Zusammenhängen geprägt sind (vgl. Abschn. 3.2). Aus Gründen der Praktikabilität ist es ratsam, nicht alle vermuteten Beziehungen in die Gesundheits-BSC aufzunehmen (vgl. Horváth, Gamm, Möller et
al., 2009, S. 146). Um die angestrebte Komplexitätsreduktion zu erreichen, sind die
für den Strategieerfolg ausschlaggebenden Verbindungen zu identifizieren.

Zwar handelt es sich um inhaltlich-logische Verknüpfungen, in die auch die Absich-
ten der Führungskräfte einfließen (vgl. Horváth & Partners, 2007, S. 193–194), dennoch sollte die Gesundheits-BSC nicht ausschließlich auf Meinungen und Intuition
beruhen. Eine mangelnde Fundierung der Hypothesen beeinträchtigt die Akzeptanz
der Gesundheits-BSC und birgt die Gefahr einer Fehlsteuerung des BGM. Daher
empfiehlt es sich, empirische Studienergebnisse zu Ursache-Wirkungsbeziehungen
im BGM zu nutzen (vgl. Gamm, Hahn, Isensee & Seiter, 2010, S. 704).

Durch die Verknüpfung der strategischen Ziele entstehen Kausalketten, die die vom
Management geteilten Annahmen über die Wirkungsweise der Gesundheitsstrategie
aufzeigen. Zu ihrer Visualisierung bietet sich der Aufbau einer Strategy Map an (vgl.
Abb. 7).

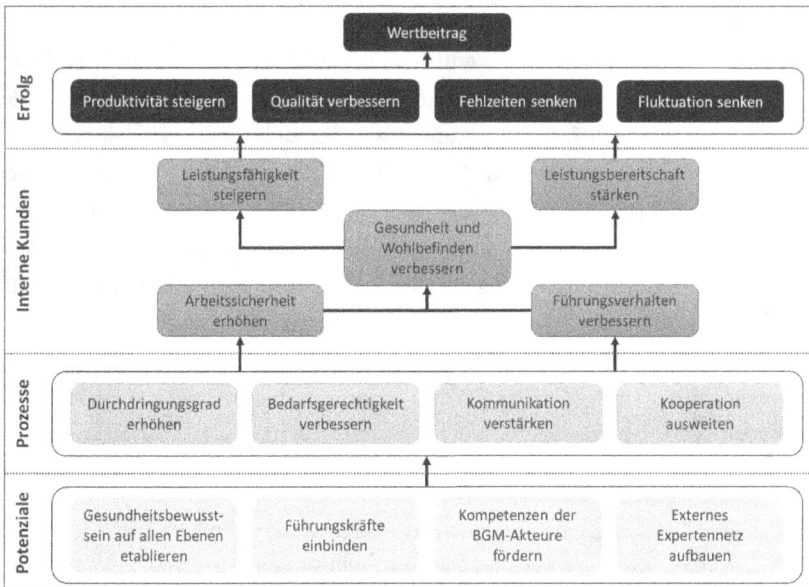

Abb. 7: Beispiel einer Strategy Map für das BGM (vgl. Möller et al., 2008, S. 265)

Am Ende dieser Phase ist die Gesundheitsstrategie aus mehreren Perspektiven beleuchtet und in ein Bündel verknüpfter strategischer Ziele übersetzt worden. Jedes der Ziele ist Teil einer perspektivenübergreifenden Kausalkette, die in der Erfolgsperspektive endet. Anhand der Kausalketten kann die Entstehung des Erfolgsbeitrags des BGM nachvollzogen werden.

5.3.5 Festlegung von Messgrößen, Zielwerten und Maßnahmen

Der nächste Schritt zur Operationalisierung der Gesundheitsstrategie besteht darin, für die verbal formulierten Ziele geeignete Messgrößen zu entwickeln. Kennzahlen ermöglichen es, die Zielsetzung quantitativ auszudrücken und den Zielerreichungsgrad im Zeitablauf zu verfolgen. Daher ist die Kennzahl mit der Intention des strategischen Ziels abzustimmen. Geht bspw. das Ziel *Arbeitsschutz verbessern* auf eine schlechte Unfallstatistik zurück, wäre als Messgröße die *Anzahl der Arbeitsunfälle* geeignet. Beruht das Ziel hingegen auf neuen Arbeitsschutzrichtlinien, die es umzusetzen gilt, wäre die Messgröße *Anzahl der Arbeitsplätze mit umgesetzten Arbeitsschutzmaßnahmen* zu bevorzugen (vgl. Möller et al., 2008, S. 268).

Neben der Eignung zur Zielmessung können u. a. die Outputorientierung, die Beein-flussbarkeit durch die Zielverantwortlichen, der Erhebungsaufwand und die Len-kungswirkung als Kriterien zur Auswahl der Messgrößen herangezogen werden (vgl. Horváth & Partners, 2007, S. 207). Aufwandsgrößen sollten nur verwendet werden, wenn Ergebnisgrößen fehlen (vgl. Waniczek & Werderits, 2006, S. 45–46). Die Kennzahlen einer BSC für das BGM müssen von den Akteuren des Gesundheitsbe-reichs maßgeblich beeinflusst werden können. Ferner sollten die Kosten zur Erhe-bung der Messgröße in einem angemessenen Verhältnis zum Nutzen stehen (vgl. Horváth et al., 2006, S. 163). Darüber hinaus ist die verhaltenssteuernde Wirkung einer Messgröße zu antizipieren, zumal wenn eine Verknüpfung der BSC mit dem Zielvereinbarungs- und Anreizsystem der Organisation beabsichtigt ist (vgl. Abschn. 5.4.2).

Im Hinblick auf die Verhaltenssteuerung sind v. a. die Kennzahlen zu den Fehlzeiten problembehaftet. Sie können von den Mitarbeitern als Signal aufgefasst werden, dass Fehlzeiten um jeden Preis zu vermeiden sind, nötigenfalls durch Anwesenheit trotz Krankheit. Dieser Präsentismus geht mit einer verringerten Leistungsfähigkeit einher und führt zu Produktivitätseinbußen (vgl. Badura et al., 2013, S. 11–17). Die Gefahr einer unerwünschten Lenkungswirkung besteht, wenn die Fehlzeitenquote als ein-zige gesundheitsbezogene Kennzahl in eine Unternehmens- oder Abteilungs-BSC einfließt. Dies manifestiert eine pathogene Sichtweise und vernachlässigt den Ge-sundheitszustand der Anwesenden. Durch die Ausgewogenheit der Gesundheits-BSC ist sichergestellt, dass die Fehlzeitenbetrachtung nicht dominiert und die Ge-sundheit aller Mitarbeiter im Fokus steht. Sofern die Fehlzeitenquote in die Gesund-heits-BSC aufgenommen wird, fungiert sie als nachlaufende Ergebnismessgröße (vgl. Walter & Münch, 2009, S. 140). Dementsprechend wird sie in der Erfolgsper-spektive verankert.

Die Effekte des BGM sind zwar oftmals nicht monetär erfassbar, aber i. d. R. mit Hilfe von Indikatoren messbar (vgl. Thiehoff, 2004, S. 75). Fraglich ist daher weni-ger die Messbarkeit der BSC-Ziele als die Praktikabilität der Messung. Verschärft wird dieses Problem durch die im Gesundheitsbereich eingeschränkte Datenverfüg-barkeit (vgl. Köper & Vogt, 2011, S. 171). Nach § 3 Abs. 9 Bundesdatenschutzgesetz (BDSG) handelt es sich bei Gesundheitsdaten um besondere personenbezogene Daten, für die z. T. erhöhte Schutzpflichten gelten (vgl. § 4a Abs. 3 BDSG). Eine

Datenerhebung durch den Arbeitgeber mittels medizinischer Routineuntersuchungen der Belegschaft ist angesichts des Erforderlichkeitsgrundsatzes gemäß § 32 Abs. 1 Satz 1 BDSG nicht zulässig (vgl. Selig, 2011, S. 124).

Der Komplex von Gesundheit und Wohlbefinden ist stark von subjektiven Eindrücken und Empfindungen der Betroffenen geprägt. Diese „weichen" Größen zu erheben, ist meist aufwendig (z. B. durch Mitarbeiterbefragungen), aber für eine gut konstruierte Gesundheits-BSC unerlässlich (vgl. Welge & Al-Laham, 2012, S. 836). Folgende Datenquellen können zur Generierung von Kennzahlen herangezogen werden (vgl. Badura et al., 2010, S. 156):

- Sozialversicherungsträger (z. B. Daten zu Arbeitsunfähigkeit und Arbeitsunfällen)
- Personalabteilung (z. B. Daten zu Fehlzeiten und Fluktuation)
- Medizinische Untersuchungen
- Experteninterviews
- Gefährdungsbeurteilungen und Arbeitsplatzanalysen
- Mitarbeiterbefragungen

Das BSC-Kennzahlenset sollte das erweiterte Gesundheitsverständnis widerspiegeln, das der Gesundheitsstrategie zugrunde liegt (vgl. Gamm et al., 2010, S. 700). Über den Ursache-Wirkungsverbund der strategischen Ziele sind auch die Messgrößen miteinander verknüpft. Die Beziehungsstärken und Reaktionszeiten sollten abgeschätzt werden (vgl. Horváth & Kaufmann, 2006, S. 147; Kaplan & Norton, 1997, S. 17), wenngleich eine Quantifizierung der Kennzahlenbeziehungen gerade bei erstmals erhobenen Messgrößen fehleranfällig sein dürfte.

Ein strategisches Ziel ist erst dann vollständig beschrieben, wenn für seine Messgröße ein Zielwert festgelegt ist (vgl. Horváth & Partners, 2007, S. 214). Zielwerte sollten ambitioniert und realistisch zugleich sein, sodass sie bei entsprechender Anstrengung auch erreicht werden können (vgl. Weber & Schäffer, 2000, S. 98). Bezugszeitpunkt ist zunächst das Ende des strategischen Planungshorizonts, der üblicherweise drei bis fünf Jahre umfasst (vgl. Probst & Wiedemann, 2013, S. 122). Folglich bedarf es einer konkreten Vorstellung von den Kennzahlenwerten im angestrebten Endzustand, d. h. bei Erreichen der strategischen Ziele. Liegt für die

Ausgangssituation der Ist-Wert vor, können zudem strategiekonforme Etappenziele als Meilensteine festgelegt werden (vgl. ebenda, S. 122).

Diese Grundsätze gelten auch für die Gesundheits-BSC. Demgemäß sind Zielvorgaben zu bestimmen, die einerseits die BGM-Akteure herausfordern und andererseits in Anbetracht des Ausgangsniveaus erreichbar sind. Bei der Terminierung der Zielwerte ist zu berücksichtigen, dass die Effekte von Maßnahmen des BGM oftmals mit zeitlicher Verzögerung eintreten (vgl. Badura et al., 2010, S. 255). Infolgedessen ist mit erheblichen Zeitabständen zwischen Intervention und Kennzahlenreaktion zu rechnen, besonders wenn es sich um nachlaufende Indikatoren handelt. Werden bspw. Trainingsmaßnahmen zur Verbesserung des Führungsverhaltens veranstaltet, wirkt sich dies zwar unmittelbar auf die Kennzahl *Anzahl geschulter Führungskräfte* aus. Eine Verbesserung der Mitarbeitergesundheit wird jedoch erst später eintreten und sich mit weiterer Zeitverzögerung in befragungsbasierten Kennzahlen zum Gesundheitszustand niederschlagen.

In der letzten Phase zur Entwicklung der Gesundheits-BSC werden sog. strategische Initiativen ausgearbeitet (vgl. Kaplan & Norton, 2009, S. 127). Diese Maßnahmen bzw. Maßnahmenbündel laufen parallel zum Tagesgeschäft und dienen dazu, die Lücke zwischen Ausgangs- und Zielniveau zu schließen (vgl. Probst & Wiedemann, 2013, S. 125). Hierzu zählen bspw. Programme zur Qualifizierung der BGM-Akteure (Potenzialperspektive) ebenso wie Aktivitäten zu ihrer systematischen Vernetzung (interne Prozessperspektive). Im Hinblick auf die Gesundheit der Mitarbeiter (Kundenperspektive) kommt das gesamte Maßnahmenspektrum des BGM in Betracht (vgl. Abschn. 3.3). Einzig die Erfolgsperspektive ist einer direkten Einflussnahme durch Maßnahmen des BGM meist entzogen. Stattdessen resultieren die Zielerwartungen dort aus den Leistungen in den drei übrigen Perspektiven, die sich entlang der angenommenen Ursache-Wirkungsbeziehungen auf die Erfolgsperspektive auswirken sollen.

Mit der Festlegung der Maßnahmen ist eine Gesundheits-BSC vollständig entwickelt. Ein Beispiel hierfür ist im Anhang zu finden. Unabhängig von ihrer späteren Verwendung ist der iterative Prozess der Erarbeitung einer BSC wertvoll. Einige Autoren messen dem Entstehungsprozess sogar mindestens den gleichen Wert zu wie der resultierenden Scorecard (vgl. Horváth & Kaufmann, 2006, S. 149; Hungenberg,

2014, S. 313). Zur Implementierung einer erstellten Gesundheits-BSC gehört die Integration in das bestehende Führungs- und Steuerungssystem. Die davon ausgehenden Effekte werden im folgenden Abschnitt untersucht.

Perspektive	Strategische Ziele	Messgrößen	Ziel-wert	Maßnahmen
Erfolgs-beitrag des BGM	Produktivität steigern	Arbeitsmengen-Produktivität	+ 3 %	
	Qualität verbessern	Ausschussquote	- 2 %	
	Fehlzeiten senken	Anwesenheitsquote	+ 3 %	
	Fluktuation senken	Freiwillige Fluktuation	- 5 %	
Interne Kunden des BGM	Leistungsfähigkeit steigern	Leistungsfähigkeitsindex	4 v. 5	
	Leistungsbereitschaft stärken	Leistungsbereitschafts index	4 v. 5	
	Gesundheit und Wohl befinden verbessern	Gesundheits- und Wohlbefindensindex	4 v. 5	
	Arbeitssicherheit erhöhen	Quote meldepflichtiger Unfälle	- 8 %	Analyse des Maßnahmenpakets
	Führungsverhalten verbessern	Anzahl geschulter Führungskräfte	100	Seminare und Trainings für Führungskräfte
Prozesse des BGM	Durchdringungsgrad erhöhen	Anzahl erreichter Mitarbeiter	1000	Unternehmensweite Werbung für die Angebote
	Bedarfsgerechtigkeit verbessern	Auslastungsgrad der Angebote	+10 %	Mitarbeiterbefragung zur Bedarfsermittlung
	Kommunikation verstärken	Anzahl gemeinsamer Besprechungen	20	Jour fixe einführen
	Kooperation ausweiten	Anteil gemeinsamer Maßnahmen	+10 %	Vernetzungsmöglich-keiten ausarbeiten
Potenziale des BGM	Gesundheitsbewusstsein etablieren	Anteil der Zielverein-barungen, die Gesund-heitsziele enthalten	+10 %	Aufnahme von Gesund-heitsbelangen in Leitbil-der und Richtlinien
	Führungskräfte einbinden	Anzahl eingebundener Führungskräfte	100	Erfolgsrelevanz von Gesundheit darlegen
	Kompetenzen der BGM-Akteure fördern	Fortbildungsstunden je BGM-Akteur	40	Fortbildungsplan erstellen und umsetzen
	Externes Expertennetz aufbauen	Anzahl eingebundener externer Experten	5	Gezielte Ansprache von externen Experten

Tab. 5: Beispiel einer Gesundheits-BSC (vgl. Horváth, Gamm & Isensee, 2009, S. 133)

5.4 Effekte der Integration einer Gesundheits-BSC in das Führungs- und Steuerungssystem

Zunächst ist die entwickelte Gesundheits-BSC nur ein (weiteres) Managementinstrument im Werkzeugkasten des BGM-Verantwortlichen. Ihre bloße Existenz wirkt sich noch nicht auf die für die Strategieumsetzung maßgeblichen Prozesse aus. Diese Prozesse vollziehen sich im Kontext des Führungs- und Steuerungssystems der Organisation und werden von dessen Merkmalen beeinflusst (vgl. Bamberger & Wrona, 2012, S. 238–239). Erst durch die Integration der Gesundheits-BSC in die bestehenden Systeme entfaltet sie ihren vollen Nutzen und kann verschiedene Managementprozesse unterstützen (vgl. Fink & Heineke, 2006, S. 378; Horváth, Gamm & Isensee, 2009, S. 136; Kaplan & Norton, 1997, S. 282). Demzufolge sollte die Gesundheits-BSC in das Kommunikationssystem, das Zielvereinbarungs- und Anreizsystem, das Planungs- und Kontrollsystem sowie das Berichtswesen eingebunden werden (vgl. Amann & Petzold, 2014, S. 114). Angesichts der dritten Forschungsfrage konzentrieren sich die folgenden Darlegungen auf die Auswirkungen dieser Integration auf Managementprozesse.

5.4.1 Unterstützung der Strategiekommunikation

Die Strategieimplementierung umfasst alle zur Verwirklichung einer Strategie erforderlichen Aktivitäten (vgl. Bea & Haas, 2013, S. 206–207) und beginnt mit der Vermittlung der Strategie durch Kommunikation (vgl. Kaplan & Norton, 2001, S. 193–195). Hierbei fungiert die BSC als Kommunikationsmedium, das im Unternehmen sowohl horizontale als auch vertikale Kommunikationsprozesse unterstützt (vgl. Steinle, 2005, S. 352). Eine Gesundheits-BSC (einschließlich Strategy Map) bringt die Gesundheitsstrategie in kompakter und anschaulicher Form zum Ausdruck. Dadurch erleichtert sie dem BGM-Verantwortlichen die Strategiekommunikation, sofern sie in die entsprechenden Kommunikationsprozesse eingebunden wird. Diese finden auf unterschiedlichen Organisationsebenen statt und verfolgen v. a. drei Zielrichtungen.

Erstens bedarf es einer BGM-internen Kommunikation, um die Wissenslücke zwischen denjenigen, die die Strategie aktiv mitgestaltet haben, und den übrigen Akteuren zu schließen (vgl. Probst & Wiedemann, 2013, S. 136). Alle am BGM Mitwirkenden sollen sich strategiegerecht verhalten und bei der Strategieumsetzung abgestimmt vorgehen. Dies setzt voraus, dass sie die Gesundheitsstrategie kennen und einheitlich verstehen. Die strategischen Überlegungen lassen sich anhand der Gesundheits-BSC nachvollziehen. Sie vermittelt nicht nur, *was* das BGM anstrebt, sondern auch, *wie* es seine Ziele erreichen will (vgl. Kaplan & Norton, 2009, S. 170). Wird die Gesundheits-BSC im Gesundheitsbereich flächendeckend kommuniziert und umfassend erläutert, schafft sie ein gemeinsames Strategieverständnis der BGM-Akteure.

Zweitens richtet sich die Strategiekommunikation an die übergeordneten Ebenen. Zum einen benötigt das BGM im Hinblick auf eventuelle Zielkonflikte mit den Abteilungen hochrangige Fürsprecher, um Gesundheitsbelangen das notwendige Gewicht zu verleihen. Zum anderen wird die Unternehmensleitung die zur Umsetzung der strategischen Initiativen erforderlichen Ressourcen nur dann bereitstellen, wenn sie von der Strategie des BGM überzeugt ist. Die Gesundheits-BSC unterstützt die Argumentation des BGM-Verantwortlichen (vgl. Möller et al., 2008, S. 266). Mithilfe der Kausalketten kann er aufzeigen, wie das BGM zum Unternehmenserfolg beiträgt und welchen Maßnahmen hierbei strategische Bedeutung zukommt.

Drittens zielt die Strategiekommunikation darauf ab, allen betrieblichen Funktionsbereichen eine Vorstellung von der angestrebten Entwicklung des BGM zu vermitteln. Dies sensibilisiert die Organisationseinheiten für strategisch relevante Gesundheitsthemen. Frühzeitige Informationen ermöglichen es ihnen, sich auf anstehende Veränderungen einzustellen und Planungen zu vermeiden, die im Widerspruch zur Gesundheitsstrategie stehen. Die Gesundheits-BSC erleichtert dem BGM-Verantwortlichen eine präzise Darlegung seiner Pläne, da sie die Strategie in operationalisierter Form präsentiert. Sie liefert den Funktionsbereichen konkrete Inhalte, die diese mit ihren operativen Planungen abstimmen und als Input in ihre Strategieentwicklung einfließen lassen können.

Zusätzliche Bedeutung erlangt die Kommunikation mit der Gesundheits-BSC, wenn im Unternehmen weitere BSCs vorhanden sind. In diesem Fall kommt der Gesundheits-BSC eine Koordinationsfunktion für alle dort verankerten Gesundheitsaspekte zu. Idealerweise übernimmt jede Organisationseinheit die für sie relevanten Zielgrößen aus der Gesundheits-BSC in ihre eigene BSC (vgl. Horváth, Gamm & Isensee, 2009, S. 136). Dies führt zu einer Harmonisierung der gesundheitsbezogenen Inhalte im gesamten BSC-System. Die Vernetzung der Gesundheits-BSC trägt dem Umstand Rechnung, dass *alle* Organisationseinheiten daran mitwirken müssen, das Unternehmen im Sinne der Gesundheitsstrategie fortzuentwickeln. Unabhängig davon, ob ihnen Aufgaben des BGM obliegen, beeinflussen sie zumindest die Gesundheit ihrer eigenen Mitarbeiter (z. B. durch das Führungsverhalten oder die Aufgabengestaltung).

5.4.2 Strategieorientierte Ausrichtung des Mitarbeiterführungssystems

Die Umsetzung der Gesundheitsstrategie hängt maßgeblich von den BGM-Akteuren und ihrem Verhalten ab. Daher ist es eine Führungsaufgabe, das Engagement der Mitarbeiter auf die Strategie zu lenken. Eine umfassende Strategiekommunikation ist zwar ein erster Schritt in diese Richtung, jedoch wird allein die Kenntnis der strategischen Ziele und Kennzahlen i. d. R. nicht ausreichen, um eine Verhaltensänderung herbeizuführen (vgl. Kaplan & Norton, 1997, S. 204). Hierfür bedarf es einer Konkretisierung der Ziele auf Mitarbeiterebene sowie Anreize, diese Ziele zu erreichen (vgl. Horváth & Partners, 2007, S. 305).

Zur Festlegung individueller Ziele bieten sich Zielvereinbarungen an, da sie die Selbstkontrolle der Mitarbeiter unterstützen und ihre intrinsische Motivation fördern (vgl. Gladen, 2014, S. 415). Das im Rahmen eines herkömmlichen Management by Objectives (MbO) vereinbarte Zielsystem ist stark von der einzelnen Organisationseinheit und dem dortigen funktionalen Denken geprägt, zudem ist es finanzorientiert und kurzfristig ausgerichtet (vgl. Fink & Heineke, 2006, S. 378; Kaplan & Norton, 2001, S. 209). Die Ziele der Gesundheits-BSC sind hingegen abteilungsübergreifend, mehrdimensional und längerfristig. Durch Integration der Gesundheits-BSC in das Zielvereinbarungssystem verschiebt sich der Fokus im Prozess der Zielvereinbarung zwischen Mitarbeiter und Führungskraft: Neben Zielen der operativen Aufgabenerfüllung fließen auch strategische Ziele in die Vereinbarung ein, die aus der Gesundheits-BSC abgeleitet werden (vgl. Fink & Heineke, 2006, S. 380). Damit wird die Gesundheitsstrategie in der persönlichen Verantwortung der BGM-Akteure verankert.

Die auf der Gesundheits-BSC basierenden Zielvereinbarungen transportieren die strategischen Inhalte in weitere verhaltensbeeinflussende Prozesse wie Mitarbeitergespräche und Leistungsbeurteilungen. In der Folge kommt es auch hier zu einer

Verschiebung des Blickfelds, da sich die Aufmerksamkeit nun auf Themen richtet, die für die Realisierung der Gesundheitsstrategie relevant sind. Ferner erkennt der Einzelne an den auf Team- bzw. Mitarbeiterebene heruntergebrochenen strategischen Zielen seinen eigenen Beitrag zur Strategieumsetzung.

Um Mitarbeiter zu motivieren, die im Unternehmensinteresse liegenden Ziele zu erreichen, können Anreizsysteme eingesetzt werden (vgl. Bamberger & Wrona, 2012, S. 273–277). Sofern die BGM-Akteure in ein Anreizsystem eingebunden sind, ist zu erwarten, dass sie ihr Verhalten in gewissem Umfang an dessen Bemessungsgrundlagen ausrichten (vgl. Hungenberg, 2006, S. 353–360). Bemisst sich die Anreizgewährung ausschließlich an kurzfristigen Erfolgsgrößen, konterkariert das Anreizsystem eine strategiegerechte Verhaltenssteuerung (vgl. Gladen, 2014, S. 296). Werden dagegen die Kennzahlen und Zielwerte der Gesundheits-BSC als Bemessungsgrundlage herangezogen, belohnt das Anreizsystem strategiekonformes Verhalten und lenkt damit die Anstrengungen der BGM-Akteure auf das Erreichen der strategischen Ziele. Dies erhöht die Wahrscheinlichkeit, dass sich die Gesundheitsstrategie in ihrem täglichen Denken, Handeln und Entscheiden niederschlägt. Letztlich tragen Anreize, die anhand der Gesundheits-BSC bemessen werden, dazu bei, die von den BGM-Akteuren verfolgten Ziele an die gesundheitsstrategischen Unternehmensziele anzugleichen.

Die Verknüpfung einer BSC mit dem Zielvereinbarungs- und Anreizsystem geht mit Risiken einher (vgl. Pfaff, Kunz & Pfeiffer, 2000, S. 52–53). Wird die Leistung eines Mitarbeiters an Zielerreichungsgraden gemessen, die er nicht oder nur unzureichend beeinflussen kann, bestehen die Gefahren einer Fehlsteuerung und Demotivation. Die Ergebnisgrößen der Gesundheits-BSC (z. B. Fehlzeiten) werden jeweils von mehreren Leistungstreibern determiniert, auf die wiederum eine Reihe von Akteuren einwirken, weshalb sie sich auf unteren Hierarchiestufen nicht zur individuellen Leistungsmessung eignen (vgl. Horváth, Gamm, Möller et al., 2009, S. 146). Darüber hinaus unterliegt das BGM externen Einflüssen, die sich ebenfalls auf die Kennzahlenentwicklung auswirken (vgl. Günther, Albers & Hamann, 2009, S. 374). Daher müssen bei Leistungsbeurteilungen die Rahmenbedingungen der Leistungserbringung berücksichtigt werden (vgl. Fink & Heineke, 2006, S. 385). Aus motivationaler Sicht ist es außerdem sinnvoll, nur jene Ziele der Gesundheits-BSC in Zielvereinbarungen aufzunehmen, für deren Messung im Unternehmen bereits hinreichende Erfahrungen vorliegen (vgl. ebenda, S. 383). Bei neu eingeführten Kennzahlen fehlen häufig realistische Zielwerte, weshalb auf eine Verwendung im Mitarbeiterführungssystem zunächst verzichtet werden sollte.

Vor diesem Hintergrund ist eine Verknüpfung der Gesundheits-BSC mit den Zielsetzungen der am BGM Mitwirkenden einerseits notwendig, damit sie ihr Verhalten an der Gesundheitsstrategie ausrichten. Werden die für den Erfolg des BGM relevanten Akteure nicht (auch) an gesundheitsbezogenen Zielen gemessen, ist zu erwarten, dass die Gesundheitsstrategie im Unternehmen nur unzureichend umgesetzt wird (vgl. Horváth, Gamm, Möller et al., 2009, S. 192). Andererseits birgt die Verbindung von Zielvereinbarungssystem und Gesundheits-BSC das Risiko unerwünschter Steuerungseffekte, deren Intensität bei einer Kopplung an das Anreizsystem zunimmt. Dieses Spannungsverhältnis lässt sich durch Berücksichtigung der Rahmenbedingungen abmildern, wenngleich nicht vollständig auflösen.

5.4.3 Verknüpfung von strategischer und operativer Planung

Zu den Aufgaben im Rahmen der Strategieimplementierung gehört es, die Strategie zu konkretisieren und dabei in operative Maßnahmen-, Budget- und Terminplanungen umzusetzen (vgl. Welge & Al-Laham, 2012, S. 816). Erst durch die Umsetzung der strategischen Ziele in operative Planungen wird gewährleistet, dass sich die Vorgaben für den täglichen Handlungsvollzug nach den strategischen Prioritäten richten (vgl. Hungenberg, 2014, S. 349). Folglich besteht eine zentrale Anforderung an jedes Planungssystem darin, die operative Planung konsistent zur strategischen Planung zu entwickeln (vgl. Horváth & Partners, 2007, S. 284). Hierbei übernimmt die Gesundheits-BSC eine Brückenfunktion (vgl. Hungenberg & Wulf, 2003, S. 258–260). Sie beinhaltet nicht nur die Ergebnisse des strategischen Planungsprozesses, sondern präsentiert diese bereits in operationalisierter Form. Die strategischen Ziele sind mit Kennzahlen, Zielwerten und Maßnahmen hinterlegt, die als Maßstab und teilweise als direkter Input im operativen Planungsprozess des BGM herangezogen werden können.

Kernanliegen des gesamten Planungsprozesses ist eine den strategischen Prioritäten entsprechende Allokation der personellen, sachlichen und finanziellen Ressourcen (vgl. Welge & Al-Laham, 2012, S. 822). Angesichts knapper Ressourcen und des breiten Maßnahmenspektrums des BGM (vgl. Abschn. 3.3) kommt der Gesundheits-BSC eine Priorisierungs- und Filterfunktion zu. Sie unterstützt den BGM-Verantwortlichen bei der Maßnahmenauswahl: Er kann die für die Planungsperiode vorgeschlagenen Maßnahmen nach ihrer Eignung zur Schließung der Lücke zwischen der derzeitigen Leistung und dem in der Gesundheits-BSC fixierten Zielniveau beurteilen. Projektanträge, die keinem strategischen Ziel dienen, werden abgelehnt oder zurückgestellt. Unter den Maßnahmen, die einem Ziel der Gesundheits-BSC zugeordnet werden können, lässt sich eine Rangfolge anhand der jeweils zu schließenden Leistungslücke bilden. Dies führt zu einer Ressourcenallokation nach strategischen Kriterien.

Kaplan und Norton (vgl. 1997, S. 226; 2009, S. 132) betonen, dass auch alle laufenden Projekte auf ihre Strategiekonformität geprüft und ggf. beendet werden sollten. Für das BGM ist dabei zu berücksichtigen, dass ihm z. T. Pflichtaufgaben des Unternehmens obliegen, die sich unmittelbar aus gesetzlichen oder tarifvertraglichen Bestimmungen ergeben (vgl. Neufeld, 2011, S. 106–107). Insbesondere im Bereich des Arbeits- und Gesundheitsschutzes bestehen weitreichende gesetzliche Regelungen (vgl. Abschn. 3.4). Unabhängig von den strategischen Erwägungen sind derartige Vorgaben stets einzuhalten. Eine strategisch ausgerichtete Ressourcenzuteilung beschränkt sich somit auf die freiwilligen Aktivitäten des BGM. Um dies zu verdeutlichen, bietet sich eine Trennung des BGM-Gesamtbudgets in ein Basisbudget für die obligatorischen Aufgaben und ein Budget für die strategischen Initiativen an. Dies erhöht die Transparenz und ermöglicht einen strategischen Fokus bei der operativen Planung und Budgetierung (vgl. Horváth & Partners, 2007, S. 290).

Zur Umsetzung der Gesundheitsstrategie ist es erforderlich, dass die mit Hilfe der Gesundheits-BSC selektierten Maßnahmen durchgeführt werden. Neben der Festlegung klarer Verantwortlichkeiten und konkreter Termine für die einzelnen Aktionen sind hierfür ausreichend Finanzmittel bereitzustellen. Dem widerspricht die gängige Budgetierungspraxis, lediglich die Werte aus der Vergangenheit fortzuschreiben und die in die Zukunft gerichteten strategischen Veränderungserfordernisse außer Acht zu lassen (vgl. Schäffer, 2005, S. 405). Das BSC-Konzept stellt keine eigene Logik zur Ermittlung des Ressourcenbedarfs zur Verfügung, weshalb die BSC weder einzelne Budgetwerte bestimmen noch die Budgetierung ersetzen kann (vgl. Gaiser & Greiner, 2003, S. 290–291). Um dennoch eine strategiegerechte Budgeterstellung zu

gewährleisten, müssen die strategischen Ziele möglichst frühzeitig und in struktu-
rierter Form in den Budgetierungsprozess einfließen (vgl. Greiner, 2004, S. 231–
232). Hierbei dient die Gesundheits-BSC abermals als Transportmedium von Inhalten der strategischen Planung (vgl. ebenda, S. 237).[15] Diese Inhalte sind aus der
Gesundheitsstrategie abgeleitet und damit zukunftsorientiert. Sie können einer Fort-
schreibungsmentalität entgegenwirken, wenn sie als Maßstab für die Ressourcenver-
teilung verwendet werden (vgl. Horváth & Partners, 2007, S. 291).

Um einen Bruch zwischen strategischer und operativer Planung zu vermeiden, sind
die Ziele der Einperiodenplanung an der Mehrperiodenplanung auszurichten (vgl.
Gaiser & Greiner, 2003, S. 271–272). Die Gesundheits-BSC erleichtert dies durch
die Quantifizierung der strategischen Ziele mittels Messgrößen und Zielwerten, die
sich auf kürzere Planungszeiträume herunterbrechen lassen. Zunächst spiegeln die
Zielwerte der Gesundheits-BSC den erwünschten Endzustand nach erfolgreicher
Strategieumsetzung wider, d. h. sie sind auf mehrere Jahre ausgelegt. Werden sie in
Zwischenziele zerlegt, sind sie als strategiekonforme Vorgaben für die operative Planung geeignet. Mit der Festlegung von Meilensteinen bringt der BGM-Verantwort-
liche die kurzfristig erwartete Wirkung der Maßnahmen auf die Kennzahlenwerte
zum Ausdruck und bestimmt die angestrebte Fortschrittsgeschwindigkeit in der Strategierealisierung (vgl. Kaplan & Norton, 1997, S. 239). Die Meilensteine dienen daher zugleich als Grundlage für die strategische Kontrolle (vgl. Baum, Coenenberg &
Günther, 2013, S. 369).

5.4.4 Ermöglichung strategischer Kontroll- und Lernprozesse

Für eine strategieorientierte Steuerung genügt es nicht, die strategische Planung auf
die operative Ebene zu überführen. Das gesamte Steuerungspotenzial entfaltet sich
erst, wenn die strategische Planung um eine strategische Kontrolle ergänzt wird (vgl.
Baum et al., 2013, S. 359; Bea & Haas, 2013, S. 240–241). Grundlegend ist hierbei
die von Schreyögg und Steinmann (vgl. 1985, S. 401–410) entwickelte Konzeption
einer strategischen Kontrolle, die eine Durchführungskontrolle, eine Prämissenkontrolle und eine strategische Überwachung umfasst. Im Rahmen der strategischen

---

[15] Die Einführung einer BSC kann als Anlass dienen, die bisherige Budgetierungspraxis grundsätzlich zu überdenken und den Budgetierungsprozess neu zu gestalten. Dies ist allerdings kein
originärer Verdienst der BSC.

Kontrolle werden sowohl der Vollzug als auch die Richtigkeit der strategischen Planung überprüft (vgl. Bea & Haas, 2013, S. 241). Die BSC kann bestimmte Bereiche der strategischen Kontrolle unterstützen, wobei Prozesse des Lernens im Mittelpunkt stehen (vgl. Gladen, 2014, S. 453; Schäffer, 2003b, S. 150–153).

Um im BGM strategische Kontroll- und Lernprozesse zu initiieren, sind zunächst die organisatorischen Voraussetzungen zu schaffen, z. B. indem aus der Projektgruppe zur BSC-Einführung ein dauerhaftes Steuerungsgremium hervorgeht. Bei der Institutionalisierung eines Steuerkreises ist darauf zu achten, dass alle BGM-Akteure angemessen vertreten sind, insbesondere auch die Führungskräfte der Linieneinheiten (vgl. Horváth, Gamm, Möller et al., 2009, S. 179). Grundlage der regelmäßigen Sitzungen sollten die aktuellen Kennzahlenwerte der Gesundheits-BSC sein, die vom Controlling aufzubereiten und in das Berichtswesen zu integrieren sind. Die Berichte müssen eine empfängerorientierte und zeitgerechte Informationsversorgung des Steuerkreises sicherstellen. Wesentliche Berichtsinhalte sind Soll-Ist-Vergleiche, Abweichungsanalysen sowie Kommentierungen der Abweichungen (vgl. Horváth et al., 2010, S. 65).

Die *Durchführungskontrolle* begleitet den Prozess der Strategierealisierung und überprüft den Planfortschritt anhand von Zwischenzielen (vgl. Hungenberg, 2014, S. 371). Hierfür eignet sich die Gesundheits-BSC in besonderer Weise, da sich der Fortschritt der Strategierealisierung mit Hilfe der Messwerte des Kennzahlensystems verfolgen lässt. Als Basis dienen die aus den Zielwerten entwickelten Meilensteine. Durch Vergleich dieser Plan-Werte mit den Ist-Werten werden die Zwischenergebnisse einer Ex-post-Kontrolle unterzogen, die ein Feedback zur bisherigen Strategieumsetzung ermöglicht (vgl. Gladen, 2014, S. 362). Der BGM-Steuerkreis prüft anhand der Kennzahlenentwicklung, ob die durchgeführten Maßnahmen die erwartete Wirkung entfaltet haben. Ferner sind die von der Gesundheits-BSC offengelegten Zwischenergebnisse dahingehend zu analysieren, ob sich die anvisierten Endergebnisse noch erreichen lassen, wenn die Strategieimplementierung nach den bisherigen Planungen fortgesetzt wird. Dabei handelt es sich um eine Ex-ante-Kontrolle (Plan-Wird-Vergleich), die ein Feedforward erlaubt (vgl. ebenda, S. 362). Für die Steuerung ist der zweite Kontrollschritt entscheidend, da bei Abweichungen noch Korrekturmaßnahmen ergriffen werden können.

Die Wahl geeigneter Steuerungsmaßnahmen hängt davon ab, ob die Verfehlung von Meilensteinen auf eine mangelhafte Strategieumsetzung oder auf inhaltliche Mängel der Strategie zurückzuführen ist. Um eventuelle Strategiemängel aufzudecken, sind die strategischen Hypothesen auf ihre Gültigkeit zu überprüfen (vgl. Kaplan & Norton, 2001, S. 271). Hierfür kann auf Daten der Gesundheits-BSC zurückgegriffen werden, da sich die in der Gesundheitsstrategie verknüpften Hypothesen in den Ursache-Wirkungsbeziehungen der Ziele und deren Messgrößen widerspiegeln. Bleiben Ergebniskennzahlen hinter den gesetzten Meilensteinen zurück, sind die ihnen zugrunde liegenden Leistungstreiber zu betrachten. Wurden dort die Vorgaben ebenfalls verfehlt, spricht dies für eine mangelhafte Strategieumsetzung (vgl. Kaplan & Norton, 1997, S. 259). Nach einer Ursachenanalyse können Korrekturen auf Maßnahmenebene eingeleitet werden, um die nächsten Meilensteine zu erreichen und die (nicht hinterfragte) Strategie zu realisieren. Ein solcher Lernprozess bewegt sich auf single-loop-Niveau.[16]

Halten die Leistungstreiber dagegen ihre Vorgaben ein, indiziert dies, dass die angenommene Wirkung auf die Ergebniskennzahl ausbleibt bzw. schwächer ausfällt oder mit größerer zeitlicher Verzögerung eintritt als vermutet. In diesem Fall sind zunächst weitere Analyseschritte erforderlich, z. B. Korrelationsanalysen (vgl. ebenda, S. 246). Werden dabei die Ursache-Wirkungsbeziehungen im Grundsatz bestätigt, beschränken sich die Anpassungen auf Details. Bspw. müssen bei der Setzung von Meilensteinen längere Reaktionszeiten berücksichtigt oder die Beziehungsstärke zweier Kennzahlen revidiert werden (vgl. ebenda, S. 17). Stellt sich jedoch heraus, dass die angenommenen Ursache-Wirkungsbeziehungen in der Realität nicht zutreffen, ist die Gesundheitsstrategie zu überarbeiten. Ein Festhalten an der bisherigen Strategie würde – auch bei bester Umsetzung – nicht den angestrebten Erfolg bringen. Derartige Lernprozesse finden auf double-loop-Niveau statt.

---

[16] Kaplan und Norton (vgl. 1997, S. 16–17) unterscheiden in Anlehnung an Argyris und Schön zwei Typen von Lernprozessen im Unternehmen: Beim *single-loop* Lernen wird eine Abweichung zwischen Ist- und Soll-Zustand als Umsetzungsfehler interpretiert und mit Korrekturmaßnahmen reagiert, ohne die handlungsleitenden Grundsätze zu hinterfragen (vgl. Argyris & Schön, 1978, S. 18–20). Dagegen werden im Rahmen des *double-loop* Lernens bei Abweichungen vom Soll-Zustand die handlungsleitenden Grundsätze in Frage gestellt, überprüft und ggf. angepasst (vgl. ebenda, S. 20–26). Die Anwendung einer BSC unterstützt und fördert v. a. das double-loop Lernen (vgl. Kunz, 2009, S. 123–124).

Die *Prämissenkontrolle* soll die während der Planung zugrunde gelegten Prämissen laufend auf ihre Gültigkeit überprüfen (vgl. Bea & Haas, 2013, S. 244). Das kennzahlenbasierte Testen der Strategiehypothesen mit Hilfe der Gesundheits-BSC leistet hierzu einen Beitrag. Allerdings kann sich eine vollständige Prämissenkontrolle nicht allein auf die Analyse von Entwicklungen der BSC-Kennzahlen stützen, da die Planungsprämissen über die Strategie implizit in die BSC-Inhalte eingegangen sind (vgl. Gladen, 2014, S. 458). Ändern sich bspw. die gesetzlichen Rahmenbedingungen des BGM, lässt sich dies nicht aus den Daten der Gesundheits-BSC ablesen. Bei wesentlichen Änderungen der Prämissen ist die Gesundheitsstrategie neu zu justieren.

Während bei Durchführungs- und Prämissenkontrolle die Kontrollobjekte klar definiert sind (Meilensteine, Prämissen), handelt es sich bei der *strategischen Überwachung* um eine globale, ungerichtete Beobachtung der Umwelt (vgl. Bea & Haas, 2013, S. 245). Sie dient dazu, möglichst frühzeitig Ereignisse zu erkennen, die sich auf die Strategieumsetzung auswirken können (vgl. Bamberger & Wrona, 2012, S. 252). Diese Komponente der strategischen Kontrolle wird von der Gesundheits-BSC nicht unterstützt, da die von ihr erzeugte Komplexitätsreduktion auf einer gerichteten und selektiven Betrachtung beruht. Daher muss das BGM eine strategische Frühaufklärung mit anderen Instrumenten (vgl. Baum et al., 2013, S. 391–406) sicherstellen.

Die strategischen Kontroll- und Lernprozesse komplettieren den von der Gesundheits-BSC aufgespannten Handlungsrahmen zur strategieorientierten Steuerung des BGM. Festgestellte Planabweichungen führen – je nach Ausmaß und Ursache – entweder zu Anpassungen in der Strategieumsetzung oder zu einer Revision der Gesundheitsstrategie. Im ersten Fall reicht es aus, die Inhalte der Gesundheits-BSC punktuell zu korrigieren, soweit sich einzelne Operationalisierungen der (beibehaltenen) Gesundheitsstrategie als fehlerhaft erwiesen haben. Demgegenüber bedingt die zweite Fallgestaltung einen Wiedereintritt in die Phase der Strategieformulierung. An dieser Stelle wird der BSC-Handlungsrahmen verlassen, was Abbildung 8 veranschaulicht. Eine Rückkehr erfordert eine neu gefasste Gesundheitsstrategie, die mit Hilfe der Gesundheits-BSC in ein ausgewogenes Ziel- und Kennzahlensystem übersetzt werden kann.

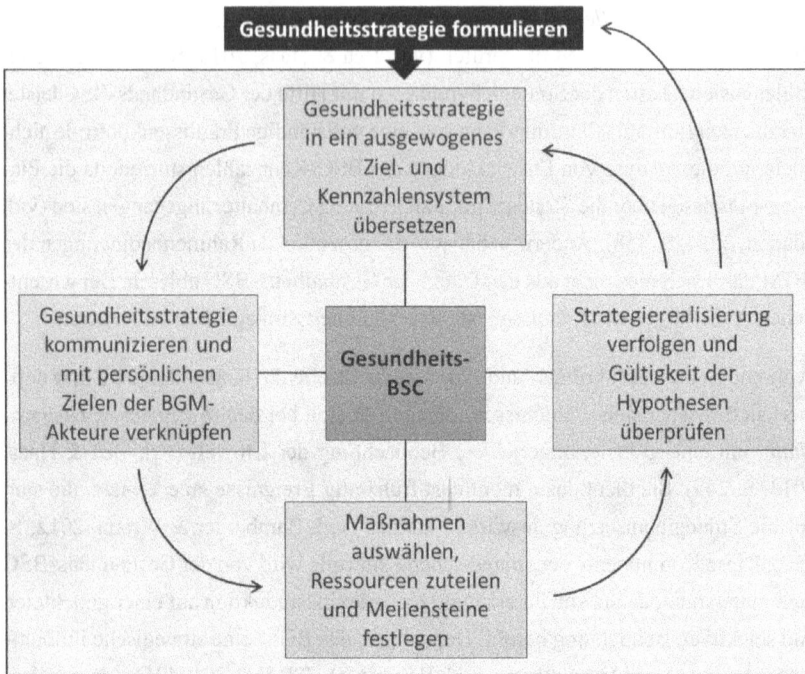

Abb. 8: Gesundheits-BSC als Handlungsrahmen für Managementprozesse (eigene Darstellung)

Im Ergebnis unterstützt die Gesundheits-BSC eine Reihe von Managementprozessen und verknüpft diese nach dem Regelkreisprinzip. Damit ermöglicht sie neben einer strategiegeleiteten Steuerung des BGM auch strategiebezogene Lerneffekte zur Verbesserung der Strategieumsetzung und zur Weiterentwicklung der Gesundheitsstrategie.

5.5 Kritische Würdigung der Anwendung des BSC-Konzepts im BGM

In den vorangegangenen Abschnitten wurde aufgezeigt, dass die Hauptnutzenpotenziale einer BSC, d. h. die Operationalisierung der Strategie, die Schaffung eines gemeinsamen Strategieverständnisses sowie der Transport strategischer Inhalte in die zentralen Managementprozesse, auch im BGM zum Tragen kommen. Trotz dieser Möglichkeiten und Chancen dürfen die Grenzen und Risiken einer Anwendung des BSC-Konzepts im BGM nicht außer Acht gelassen werden. Daher schließt dieses Kapitel mit einer kritischen Würdigung ab.

Die Entwicklung einer Gesundheits-BSC setzt eine ausformulierte Gesundheitsstrategie voraus, ohne den Prozess der Strategiefindung zu unterstützen. Da die Inhalte einer BSC aus der Strategie abgeleitet werden, kann die Gesundheits-BSC nur so gut sein wie die zugrunde liegende Gesundheitsstrategie. Ob die Gesundheitsstrategie den erhofften Erfolg bringt, hängt sowohl von ihrer inhaltlichen Qualität als auch von der Implementierung ab. Die Gesundheits-BSC unterstützt zunächst nur die Strategieimplementierung. Später zeigen ihre Daten, ob das Verfolgen der Strategie zu den anvisierten Ergebnissen führt und ob die strategischen Hypothesen zutreffen. Damit stößt sie Rückkopplungs- und Lernprozesse an und liefert Hinweise zur Beseitigung von Mängeln der Gesundheitsstrategie.

Mit dem Kennzahlensystem der BSC lässt sich die Leistung des BGM in Bezug auf die Strategierealisierung kontinuierlich messen. Durch die unterschiedlichen Perspektiven und nichtmonetären Messgrößen wird eine einseitige, rein finanzielle Sichtweise vermieden. Zugleich legen die Ursache-Wirkungsbeziehungen offen, wie das BGM zum Erreichen der Unternehmensziele beiträgt. Die Maßnahmen wirken i. d. R. nicht direkt auf den Unternehmenserfolg. Im Rahmen der Integration von Gesundheitsaspekten in die BSC wird die vom BGM beeinflusste Mitarbeitergesundheit über Kausalketten mit finanziellen Erfolgsgrößen verknüpft. Zwar lässt sich auf diese Weise der Wertbeitrag des BGM nicht in Geldeinheiten ausdrücken (vgl. Becker, Brandt & Eggeling, 2015, S. 231), jedoch wird die Wertentstehung transparent und kommunizierbar. Der damit einhergehende Bedeutungszuwachs hebt die Thematik auf eine strategische Ebene und schafft damit die Voraussetzung, das BGM dauerhaft in die Unternehmensplanung und das strategische Management zu integrieren (vgl. Kentner, Janssen & Rockholtz, 2003, S. 473).

Die in Abschnitt 4.4 behandelte Kritik an den vom BSC-Konzept postulierten Ursache-Wirkungsbeziehungen trifft auch auf die Gesundheits-BSC zu. Die Komplexität der Zusammenhänge im Gesundheitsbereich verstärkt diese grundsätzliche Problematik eher noch. Gleichwohl kann die Diskussion der Kausalketten in der Projektgruppe und später im Steuerkreis zumindest einen fruchtbaren Austausch über die Zielbeziehungen und Steuerungsnotwendigkeiten im BGM auslösen (vgl. Wellmann, 2012a, S. 79–80). Die Gesundheits-BSC bringt die BGM-Akteure in diesen interdisziplinär und funktionsübergreifend zusammengesetzten Gremien in Kontakt und fördert die Ausrichtung auf gemeinsame Ziele (vgl. Ducki et al., 2011, S. 140). Fraglich ist allerdings, inwieweit sich externe BGM-Akteure hierin einbinden lassen.

Des Weiteren erleichtert eine BSC dem BGM-Verantwortlichen die Priorisierung von Maßnahmenvorschlägen nach dem Kriterium der strategischen Handlungsnotwendigkeit. Damit unterstützt sie zwar eine strategiekonforme Maßnahmenauswahl und Ressourcenallokation, erlaubt jedoch keine Aussagen zur Effizienz im Sinne einer Kosten-Nutzen-Relation. Diese Einschränkung betrifft auch die Maßnahmenkontrolle. Anhand der BSC-Daten lässt sich allenfalls ersehen, ob der von einer Maßnahme erhoffte Effekt auf die Entwicklung einer Kennzahl eingetreten ist. Die BSC ermöglicht es hingegen nicht, die zur Zielerreichung eingesetzten Ressourcen einem monetären Resultat gegenüberzustellen, was für die Beurteilung der Wirtschaftlichkeit notwendig wäre (vgl. Stephan, 2014, S. 185–186).

Trotz ihrer Einwirkungen auf die operative Ebene ist die BSC kein Instrument des operativen Controllings, da sich das Kennzahlensystem ausschließlich auf die strategischen Ziele bezieht. Folglich ersetzt eine Gesundheits-BSC weder das Kennzahlenset eines operativen Gesundheitscontrollings (vgl. Günther et al., 2009, S. 370–372) noch das diesbezügliche Reporting. Es ist gerade das Anliegen der BSC, die Kennzahlen zur Steuerung des Tagesgeschäfts anderen Messsystemen zu überlassen, um selbst die Aufmerksamkeit auf jene Kennzahlen zu konzentrieren, die für die Strategieumsetzung entscheidend sind (vgl. Kaplan & Norton, 1997, S. 156–158). Diese stark selektive Vorgehensweise trägt zur Komplexitätsreduktion bei, die stets mit dem Risiko einhergeht, steuerungsrelevante Aspekte auszublenden.

Die Entwicklung einer Gesundheits-BSC setzt keine bestimmte Unternehmensgröße voraus, wenngleich sich v. a. bei kleinen Unternehmen die Frage stellt, ob der mögliche Nutzen den erheblichen Ressourcenaufwand rechtfertigt. Insbesondere die Erhebung nichtfinanzieller Messgrößen ist oft zeitaufwendig und kostenintensiv (vgl. Kreikebaum, Gilbert & Behnam, 2011, S. 278), zumal Datenverfügbarkeit und Datenqualität im Gesundheitsbereich eingeschränkt sind (vgl. Braun, 2009a, S. 288). Ducki u. a. (vgl. 2011, S. 138–140) sehen deshalb die Gefahren, dass methodisch fragwürdige Kennzahlen eingesetzt werden und dass in Unternehmen die Förderung von Gesundheit auf die Realisierung von Kennzahlenwerten reduziert wird.

Letztlich muss jedes Unternehmen die Vor- und Nachteile eines BSC-Einsatzes im BGM unter Berücksichtigung der individuellen Gegebenheiten abwägen. In der Gesamtschau erscheint die Verbindung vielversprechend, wenngleich den Chancen einige beachtenswerte Risiken sowie nicht zu vernachlässigende Kosten gegenüberstehen. Zudem verdeutlichen die aufgezeigten Grenzen, dass das BSC-Konzept kein Allheilmittel für das BGM ist. Es wäre verfehlt, eine Gesundheits-BSC mit dem Ziel einzuführen, vorhandene Managementinstrumente zu ersetzen; vielmehr sollten diese gemeinsam mit der BSC in einem Managementsystem integriert werden.

6. Zusammenfassung und Ausblick

Ausgangspunkte der Arbeit sind der in der Literatur konstatierte Mangel an Zielorientierung und strategischer Ausrichtung des Betrieblichen Gesundheitsmanagements sowie die Idee, dieses Defizit mit Hilfe des Konzepts der Balanced Scorecard zu beseitigen. Die Arbeit zielt darauf ab, die Balanced Scorecard durch die Integration von Gesundheitsaspekten für eine strategieorientierte Steuerung des Betrieblichen Gesundheitsmanagements nutzbar zu machen. Hierfür wurden drei forschungsleitende Fragen formuliert. Die diesbezüglichen Ergebnisse der Untersuchung werden im Folgenden zusammengefasst.

Als Möglichkeiten zur Integration von Gesundheitsaspekten in die BSC wurden drei Ansätze identifiziert. Beim ersten Ansatz – der Einbindung in die vier klassischen Perspektiven – bleiben der Perspektivenaufbau des Grundmodells der BSC und ihre diesbezügliche Ursache-Wirkungslogik erhalten. Anknüpfungspunkte für gesundheitsrelevante Inhalte finden sich sowohl in der Lern- und Entwicklungsperspektive als auch in der internen Prozessperspektive. Der zweite Ansatz erweitert die BSC um eine zusätzliche Perspektive für Gesundheitsaspekte. Dies setzt eine herausgehobene strategische Bedeutung der betrieblichen Gesundheitssituation voraus, erschwert die Einbindung in das bestehende Ursache-Wirkungsgefüge und verleiht Gesundheitsbelangen einen Sonderstatus. Die dritte Integrationsmöglichkeit besteht in der Erstellung einer eigenständigen BSC auf Grundlage einer expliziten Gesundheitsstrategie. Eine solche Gesundheits-BSC bietet Raum für eine umfassende Integration von gesundheitsbezogenen Inhalten und lässt sich an die Bedürfnisse des BGM anpassen. Die drei Integrationsansätze sind als komplementär anzusehen und können in einer Organisation parallel angewendet werden. Dadurch lassen sich Gesundheitsthemen in BSCs auf allen Organisationsebenen verankern.

Eine BSC wird in einem mehrstufigen Prozess entwickelt, dessen Schritte auch im Falle einer umfassenden Integration von Gesundheitsaspekten zu durchlaufen sind. Bei der Bewältigung der einzelnen Phasen sind mehrere Besonderheiten zu berücksichtigen, die aus den Merkmalen des BGM sowie aus der Spezifik der Gesundheitsthematik resultieren. Ein breit angelegtes BGM hat den Charakter einer unternehmensweiten Querschnittsaufgabe, die nicht von einer einzelnen organisatorischen

Einheit wahrgenommen werden kann. Daher ist zunächst ein virtueller Gesundheitsbereich zu bilden, der über Funktions- und Hierarchiegrenzen hinweg alle BGM-
Akteure einbezieht und die maximale Reichweite der Gesundheits-BSC bestimmt.
Ferner bedarf es einer einvernehmlichen Gesundheitsstrategie, die im Einklang mit
der Unternehmensstrategie steht und die beabsichtigte Entwicklung des BGM vor-
gibt. Bei der Festlegung des Perspektivenaufbaus kommt die Rolle des BGM als in-
terner Dienstleister zum Tragen. Die Kundenperspektive muss deswegen die Mitarbeiter als interne Kunden fokussieren. Außerdem ist die Finanzperspektive mangels
eigener Erträge des BGM in eine Erfolgsperspektive umzugestalten. Mit Hilfe der
gefundenen Perspektivenstruktur lässt sich die Gesundheitsstrategie in ein ausgewogenes Zielsystem übersetzen. Die hierbei erforderliche Verknüpfung der strategischen Ziele ist diffizil, denn der von komplexen Zusammenhängen geprägte Gesundheitsbereich erschwert die Bildung fundierter strategischer Hypothesen. Um die
strategischen Ziele des BGM messen zu können, sind oftmals „weiche" Größen erforderlich, deren Erhebung besonders aufwendig ist (z. B. durch Mitarbeiterbefragungen). Zudem limitiert eine eingeschränkte Datenverfügbarkeit die Generierung
von Kennzahlen, da im Gesundheitsbereich strenge datenschutzrechtliche Bestimmungen gelten. Des Weiteren behindern Wirkungsverzögerungen gesundheitsbezogener Interventionen die Festlegung realistischer Zielwerte und Meilensteine.
Schließlich ist zu beachten, dass die Erfolgsperspektive der Gesundheits-BSC mit
dem Maßnahmenspektrum des BGM i. d. R. nicht unmittelbar erreicht werden kann.
Die dortigen Zielerwartungen stützen sich allein auf die angenommenen Kausalbe-
ziehungen.

Ihre volle Wirkung entfaltet eine Gesundheits-BSC erst, wenn sie in das bestehende
Führungs- und Steuerungssystem einer Organisation integriert ist. Die hiervon ausgehenden Effekte betreffen mehrere Managementprozesse. Zunächst unterstützt die
Gesundheits-BSC als Kommunikationsmedium den BGM-Verantwortlichen bei der
unternehmensweiten Vermittlung der Gesundheitsstrategie: Sie fördert ein gemeinsames Strategieverständnis der BGM-Akteure, verdeutlicht der Unternehmensleitung wie das BGM zum Unternehmenserfolg beiträgt und liefert den Organisationseinheiten konkrete Inhalte, die sie mit ihren eigenen Planungen abstimmen können.
Weiterhin ermöglicht die Gesundheits-BSC im Rahmen der Mitarbeiterführung, strategische Gesundheitsziele auf individuelle Ziele herunterzubrechen und somit die

Gesundheitsstrategie in der persönlichen Verantwortung der BGM-Akteure zu verankern. Infolgedessen finden strategische Belange ihren Platz in Zielvereinbarungen, Mitarbeitergesprächen, Leistungsbeurteilungen und Bemessungsgrundlagen zur Anreizgewährung. Ferner übernimmt die Gesundheits-BSC im Planungssystem eine Brückenfunktion: Über die mittels Kennzahlen quantifizierten Ziele, die in Meilensteine übersetzten Zielwerte sowie das Maßnahmenportfolio verbindet die Gesundheits-BSC den strategischen mit dem operativen Planungsprozess. Dies erleichtert eine konsistente Gesamtplanung und eine strategiegerechte Ressourcenallokation. Darüber hinaus unterstützt die Gesundheits-BSC die strategische Durchführungskontrolle, da sich der Fortschritt der Strategierealisierung anhand der Messwerte des Kennzahlensystems nachverfolgen lässt. Mit Hilfe der BSC-Daten kann zudem die Gültigkeit der strategischen Hypothesen getestet werden. Dies ermöglicht Lernprozesse, die sich sowohl auf die Effektivität der Strategieumsetzung als auch auf die Richtigkeit der Gesundheitsstrategie beziehen. Damit stößt die Gesundheits-BSC neben ihrer eigenen Weiterentwicklung auch eine Revision der Gesundheitsstrategie an. Im Ergebnis spannt die Gesundheits-BSC einen Handlungsrahmen auf, in dem sie verschiedene Managementprozesse mit strategischen Inhalten anreichert und so zu einer strategieorientierten Steuerung des BGM beiträgt.

Die in der Arbeit aufgezeigten Ansätze zur Integration von Gesundheitsaspekten in die BSC hängen nicht von bestimmten Unternehmensparametern ab, weshalb sie als allgemeingültig anzusehen sind. Nichtsdestoweniger muss eine Gesundheits-BSC – wie jede BSC – unternehmensindividuell erstellt werden. Dies ist unverzichtbar, um den jeweiligen Gegebenheiten (z. B. Organisation und Aufgaben des BGM) und insbesondere der jeweiligen Gesundheitsstrategie gerecht werden zu können. Soweit in der Arbeit mögliche BSC-Inhalte konkret benannt sind, d. h. ausformulierte Ziele, Kennzahlen, Zielwerte und Maßnahmen, können diese der Praxis nur als Beispiele zur Anregung eigener Diskussionen dienen.

Ein abschließender Blick in die Zukunft gilt den sich abzeichnenden Rechtsänderungen. Der vom Bundeskabinett am 17.12.2014 beschlossene Entwurf eines Präventionsgesetzes sieht eine Ausweitung der finanziellen Unterstützung der Betrieblichen Gesundheitsförderung durch die Krankenkassen vor (vgl. Bundesministerium für Gesundheit, 2014b, S. 1–2). Demnach wird für Leistungen zur Betrieblichen Gesundheitsförderung ab 2016 ein Mindestbetrag von zwei Euro je Versichertem und

Jahr eingeführt (vgl. Bundesministerium für Gesundheit, 2014a, S. 9). Im Vergleich dazu betrugen die Ausgaben der Krankenkassen 2013 durchschnittlich 0,78 Euro je Versichertem (vgl. ebenda, S. 41). Somit wird es aus Unternehmenssicht noch wichtiger werden, die Krankenkassen als Akteure in das BGM einzubinden. Überdies zielt der Gesetzentwurf darauf ab, Maßnahmen des Arbeitsschutzes enger mit der Betrieblichen Gesundheitsförderung zu verzahnen (vgl. ebenda, S. 44). Damit trägt das geplante Präventionsgesetz einem der Grundgedanken des BGM Rechnung.

Sowohl der demografische Wandel als auch der Wandel der Arbeitswelt bergen fortdauernde Herausforderungen (z. B. alternde Belegschaften, Rückgang des Erwerbspersonenpotenzials, Anstieg psychosozialer Belastungen), denen sich Unternehmen im Allgemeinen und das BGM im Besonderen stellen müssen. Darüber hinaus können sie sich gesellschaftlichen Trends nicht entziehen, bspw. sind Arbeitgeber mit wachsenden Erwartungen der Arbeitnehmer in Bezug auf die Vereinbarkeit von Arbeits- und Privatleben konfrontiert (vgl. Sonntag & Stegmaier, 2015, S. 126; VDI Technologiezentrum & Fraunhofer ISI, 2014, S. 8). Vor diesem Hintergrund wird ein strategisch ausgerichtetes Betriebliches Gesundheitsmanagement zu einem Erfolgsfaktor im Wettbewerb. Es stärkt die Humanressourcen von Unternehmen und bringt dabei ökonomische Vernunft mit sozialer Verantwortung in Einklang.

Literaturverzeichnis

Ackermann, K.-F. (Hrsg.). (2000). *Balanced Scorecard für Personalmanagement und Personalführung. Praxisansätze und Diskussion.* Wiesbaden: Gabler.

Ackermann, K.-F. (2000). Das Balanced Scorecard-Konzept – Grundlagen und Bedeutung für die Unternehmenspraxis. In K.-F. Ackermann (Hrsg.), *Balanced Scorecard für Personalmanagement und Personalführung. Praxisansätze und Diskussion* (S. 11–45). Wiesbaden: Gabler.

Altgeld, T. (2014). Zukünftiger Stellenwert des Betrieblichen Gesundheitsmanagements. In B. Badura, A. Ducki, H. Schröder, J. Klose & M. Meyer (Hrsg.), *Fehlzeiten-Report 2014. Erfolgreiche Unternehmen von morgen – gesunde Zukunft heute gestalten* (S. 299–309). Berlin: Springer.

Amann, K. & Petzold, J. (2014). *Management und Controlling. Instrumente – Organisation – Ziele* (2. Aufl.). Wiesbaden: Springer Gabler.

Andresen, M. & Nowak, C. (Hrsg.). (2015). *Human resource management practices. Assessing added value.* Cham: Springer.

Antonovsky, A. (1985). *Health, stress, and coping. New perspectives on mental and physical well-being* (5. Aufl.). San Francisco: Jossey-Bass.

Antonovsky, A. (1987). *Unraveling the mystery of health. How people manage stress and stay well.* San Francisco: Jossey-Bass.

Arbeitsschutzgesetz (ArbSchG) vom 7. August 1996 (BGBl. I S. 1246), zuletzt geändert durch Artikel 8 des Gesetzes vom 19. Oktober 2013 (BGBl. I S. 3836).

Argyris, C. & Schön, D. A. (1978). *Organizational learning: A theory of action perspective.* Reading: Addison-Wesley.

Athanassiou, G., Schreiber-Costa, S. & Sträter, O. (Hrsg.). (2012). *Psychologie der Arbeitssicherheit und Gesundheit. Sichere und gesunde Arbeit erfolgreich gestalten – Forschung und Umsetzung in die Praxis. 17. Workshop 2012.* Kröning: Asanger.

Bach, N. (2006). Analyse der empirischen Balanced Scorecard Forschung im deutschsprachigen Raum. *Controlling & Management, 50* (5), 298–304.

Badura, B. (2006). Strategie- und Konzeptwechsel in der betrieblichen Gesundheitspolitik. In W. Kirch & B. Badura (Hrsg.), *Prävention. Ausgewählte Beiträge des Nationalen Präventionskongresses Dresden, 1. und 2. Dezember 2005* (S. 23–40). Heidelberg: Springer.

Badura, B., Ducki, A., Schröder, H., Klose, J. & Macco, K. (Hrsg.). (2011). *Fehlzeiten-Report 2011. Führung und Gesundheit.* Berlin: Springer.

Badura, B., Ducki, A., Schröder, H., Klose, J. & Meyer, M. (Hrsg.). (2012). *Fehlzeiten-Report 2012. Gesundheit in der flexiblen Arbeitswelt: Chancen nutzen – Risiken minimieren.* Berlin: Springer.

Badura, B., Ducki, A., Schröder, H., Klose, J. & Meyer, M. (Hrsg.). (2014). *Fehlzeiten-Report 2014. Erfolgreiche Unternehmen von morgen – gesunde Zukunft heute gestalten.* Berlin: Springer.

Badura, B., Greiner, W., Rixgens, P., Ueberle, M. & Behr, M. (2013). *Sozialkapital. Grundlagen von Gesundheit und Unternehmenserfolg* (2., erw. Aufl.). Berlin: Springer Gabler.

Badura, B., Schellschmidt, H. & Vetter, C. (Hrsg.). (2006). *Fehlzeiten-Report 2005. Arbeitsplatzunsicherheit und Gesundheit.* Berlin: Springer.

Badura, B., Schröder, H., Klose, J. & Macco, K. (Hrsg.). (2010). *Fehlzeiten-Report 2009. Arbeit und Psyche: Belastungen reduzieren – Wohlbefinden fördern.* Heidelberg: Springer.

Badura, B., Schröder, H. & Vetter, C. (Hrsg.). (2009). *Fehlzeiten-Report 2008. Betriebliches Gesundheitsmanagement: Kosten und Nutzen.* Heidelberg: Springer.

Badura, B. & Walter, U. (2014). Führungskultur auf dem Prüfstand. In B. Badura, A. Ducki, H. Schröder, J. Klose & M. Meyer (Hrsg.), *Fehlzeiten-Report 2014. Erfolgreiche Unternehmen von morgen – gesunde Zukunft heute gestalten* (S. 149–161). Berlin: Springer.

Badura, B., Walter, U. & Hehlmann, T. (2010). *Betriebliche Gesundheitspolitik. Der Weg zur gesunden Organisation* (2., vollst. überarb. Aufl.). Berlin: Springer.

Bamberg, E., Ducki, A. & Metz, A.-M. (Hrsg.). (1998). *Handbuch Betriebliche Gesundheitsförderung. Arbeits- und organisationspsychologische Methoden und Konzepte.* Göttingen: Hogrefe.

Bamberg, E., Ducki, A. & Metz, A.-M. (Hrsg.). (2011). *Gesundheitsförderung und Gesundheitsmanagement in der Arbeitswelt. Ein Handbuch.* Göttingen: Hogrefe.

Bamberg, E., Ducki, A. & Metz, A.-M. (2011). Gesundheitsförderung und Gesundheitsmanagement: Konzeptuelle Klärung. In E. Bamberg, A. Ducki & A.-M. Metz (Hrsg.), *Gesundheitsförderung und Gesundheitsmanagement in der Arbeitswelt. Ein Handbuch* (S. 123–134). Göttingen: Hogrefe.

Bamberg, E., Mohr, G. & Busch, C. (2012). *Arbeitspsychologie.* Göttingen: Hogrefe.

Bamberg, E. & Staar, H. (2014). Gesundheit und Sicherheit. In H. Schuler & K. Moser (Hrsg.), *Lehrbuch Organisationspsychologie* (5., vollst. überarb. Aufl., S. 509–556). Bern: Huber.

Bamberger, I. & Wrona, T. (2012). *Strategische Unternehmensführung. Strategien, Systeme, Methoden, Prozesse* (2., vollst. überarb. und erw. Aufl.). München: Vahlen.

Baum, H.-G., Coenenberg, A. G. & Günther, T. (2013). *Strategisches Controlling* (5., überarb. und erg. Aufl.). Stuttgart: Schäffer-Poeschel.

Baumanns, R. (2009). *Unternehmenserfolg durch betriebliches Gesundheitsmanagement. Nutzen für Unternehmen und Mitarbeiter. Eine Evaluation.* Stuttgart: Ibidem.

Bausch, A. (2006). Branchen- und Wettbewerbsanalyse im strategischen Management. In D. Hahn & B. Taylor (Hrsg.), *Strategische Unternehmungsplanung – Strategische Unternehmungsführung. Stand und Entwicklungstendenzen* (9., überarb. Aufl., S. 194–214). Berlin: Springer.

Bea, F. X. & Haas, J. (2013). *Strategisches Management* (6., vollst. überarb. Aufl.). Konstanz: UVK.

Bea, F. X., Scheurer, S. & Hesselmann, S. (2011). *Projektmanagement* (2., überarb. und erw. Aufl.). Konstanz: UVK.

Bechmann, S., Jäckle, R., Lück, P. & Herdegen, R. (2011). *Motive und Hemmnisse für Betriebliches Gesundheitsmanagement (BGM). Umfrage und Empfehlungen.*

IGA-Report 20 (2., aktual. Aufl.). Berlin: AOK-Bundesverband; BKK Bundesverband; Deutsche Gesetzliche Unfallversicherung; Verband der Ersatzkassen e.V.

Becke, G. (2012). Flexibilisierung in der Arbeitswelt: Perspektiven arbeitsbezogener Gesundheitsförderung. In B. Badura, A. Ducki, H. Schröder, J. Klose & M. Meyer (Hrsg.), *Fehlzeiten-Report 2012. Gesundheit in der flexiblen Arbeitswelt: Chancen nutzen – Risiken minimieren* (S. 279–287). Berlin: Springer.

Becker, B. E., Huselid, M. A. & Ulrich, D. (2001). *The HR Scorecard. Linking people, strategy, and performance.* Boston: Harvard Business Review Press.

Becker, W., Brandt, B. & Eggeling, H. (2015). Determining outcomes of HRM practices. Benefits, opportunities and limitations. In M. Andresen & C. Nowak (Hrsg.), *Human resource management practices. Assessing added value* (S. 223–235). Cham: Springer.

Bengel, J., Strittmatter, R. & Willmann, H. (2001). *Was erhält Menschen gesund? Antonovskys Modell der Salutogenese – Diskussionsstand und Stellenwert* (Erw. Neuaufl.). Köln: Bundeszentrale für gesundheitliche Aufklärung.

Bérenguer, C., Grall, A. & Guedes Soares, C. (Hrsg.). (2011). *Advances in Safety, Reliability and Risk Management. Proceedings of the European Safety and Reliability Conference, ESREL 2011, Troyes, France, 18.-22. September 2011.* Leiden: CRC Press.

Bernhard, M. G. (2003). Grundprinzipien der Balanced Scorecard. In M. G. Bernhard & S. Hoffschröer (Hrsg.), *Report Balanced Scorecard. Strategien umsetzen, Prozesse steuern, Kennzahlensysteme entwickeln* (3., überarb. Aufl., S. 21–44). Düsseldorf: Symposion.

Bernhard, M. G. & Hoffschröer, S. (Hrsg.). (2003). *Report Balanced Scorecard. Strategien umsetzen, Prozesse steuern, Kennzahlensysteme entwickeln* (3., überarb. Aufl.). Düsseldorf: Symposion.

Biendarra, I. & Weeren, M. (Hrsg.). (2009). *Gesundheit – Gesundheiten? Eine Orientierungshilfe.* Würzburg: Königshausen & Neumann.

Bienert, M. L. & Razavi, B. (2007). Betriebliche Gesundheitsförderung: Entwicklung, Vorgehensweise und Erfolgsfaktoren. In W. Hellmann (Hrsg.), *Gesunde*

Mitarbeiter als Erfolgsfaktor. Ein neuer Weg zu mehr Qualität im Krankenhaus (S. 49–113). Heidelberg: Economica.

Braun, M. (2004). *Unternehmensstrategie Gesundheit. Konzepte für einen zeitgemäßen Arbeitsschutz.* Renningen: Expert.

Braun, M. (2009a). Entwicklung einer Balanced Scorecard für das betriebliche Gesundheitsmanagement. *Arbeitsmedizin Sozialmedizin Umweltmedizin, 44* (5), 284–292.

Braun, M. (2009b). Gesundheit aus arbeitswissenschaftlicher Perspektive. In I. Biendarra & M. Weeren (Hrsg.), *Gesundheit – Gesundheiten? Eine Orientierungshilfe* (S. 125–165). Würzburg: Königshausen & Neumann.

Braun, M., Kliesch, G. & Iserloh, B. (2007). Wertorientierte Steuerung des betrieblichen Gesundheitsmanagements mittels Balanced Scorecard. *Zentralblatt für Arbeitsmedizin, Arbeitsschutz und Ergonomie, 57* (7), 174–182.

Buchholz, L. (2013). *Strategisches Controlling. Grundlagen – Instrumente – Konzepte* (2. Aufl.). Wiesbaden: Springer Gabler.

Bühner, R. (2005). *Personalmanagement* (3., überarb. und erw. Aufl.). München: Oldenbourg.

Bundesanstalt für Arbeitsschutz und Arbeitsmedizin. (2015). *Volkswirtschaftliche Kosten durch Arbeitsunfähigkeit 2013.* Dortmund. Abgerufen am 05.03.2015 von http://www.baua.de/de/Informationen-fuer-die-Praxis/Statistiken/Arbeitsunfaehigkeit/pdf/Kosten-2013.pdf?__blob=publicationFile&v=3

Bundesdatenschutzgesetz (BDSG) in der Fassung der Bekanntmachung vom 14. Januar 2003 (BGBl. I S. 66), zuletzt geändert durch Artikel 1 des Gesetzes vom 25. Februar 2015 (BGBl. I S. 162).

Bundesministerium für Gesundheit. (2014a). *Entwurf eines Gesetzes zur Stärkung der Gesundheitsförderung und der Prävention.* Berlin. Abgerufen am 16.02.2015 von http://www.bmg.bund.de/fileadmin/dateien/Downloads/P/Praeventionsgesetz/141217_Gesetzentwurf_Praeventionsgesetz.pdf

Bundesministerium für Gesundheit. (2014b). *Hermann Gröhe: "Krankheiten vermeiden, bevor sie entstehen". Bundeskabinett beschließt Präventionsgesetz.* Berlin (Pressemitteilung Nr. 65). Abgerufen am 01.02.2015 von http://www.bmg.bund.de/fileadmin/dateien/Pressemitteilungen/2014/2014_04/141217_65_PM_Praeventionsgesetz.pdf

Bundeszentrale für gesundheitliche Aufklärung (Hrsg.). (2011). *Leitbegriffe der Gesundheitsförderung und Prävention. Glossar zu Konzepten, Strategien und Methoden*. Gamburg: Verlag für Gesundheitsförderung.

Deegen, T. (2001). *Ansatzpunkte zur Integration von Umweltaspekten in die „Balanced Scorecard"*. Lüneburg: Centre for Sustainability Management e.V.

DGFP e.V. (Hrsg.). (2014). *Integriertes Gesundheitsmanagement. Konzept und Handlungshilfen für die Wettbewerbsfähigkeit von Unternehmen*. Bielefeld: Bertelsmann.

Diensberg, C. (2001). Balanced Scorecard – kritische Anregungen für die Bildungs- und Personalarbeit, für Evaluation und zur Weiterentwicklung des Ansatzes. In C. Diensberg, E. M. Krekel & B. Schobert (Hrsg.), *Balanced Scorecard und House of Quality. Impulse für die Evaluation in Weiterbildung und Personalentwicklung* (S. 21–38). Bonn: Bundesinstitut für Berufsbildung.

Diensberg, C., Krekel, E. M. & Schobert, B. (Hrsg.). (2001). *Balanced Scorecard und House of Quality. Impulse für die Evaluation in Weiterbildung und Personalentwicklung*. Bonn: Bundesinstitut für Berufsbildung.

DIN SPEC 91020 (2012-07). *Betriebliches Gesundheitsmanagement*. Berlin: Beuth.

Ducki, A., Bamberg, E. & Metz, A.-M. (2011). Prozessmerkmale von Gesundheitsförderung und Gesundheitsmanagement. In E. Bamberg, A. Ducki & A.-M. Metz (Hrsg.), *Gesundheitsförderung und Gesundheitsmanagement in der Arbeitswelt. Ein Handbuch* (S. 135–156). Göttingen: Hogrefe.

Dunckel, H. (2014). Zukunftsorientierte Arbeitsgestaltung. In B. Badura, A. Ducki, H. Schröder, J. Klose & M. Meyer (Hrsg.), *Fehlzeiten-Report 2014. Erfolgreiche Unternehmen von morgen – gesunde Zukunft heute gestalten* (S. 187–194). Berlin: Springer.

Einkommensteuergesetz (EStG) in der Fassung der Bekanntmachung vom 8. Oktober 2009 (BGBl. I S. 3366-3862), zuletzt geändert durch Artikel 5 des Gesetzes vom 22. Dezember 2014 (BGBl. I S. 2417).

ENWHP. (2007). *Luxembourg Declaration on Workplace Health Promotion in the European Union* (Version 2007). Abgerufen am 16.02.2015 von http://www.enwhp.org/fileadmin/rs-dokumente/dateien/Luxembourg_Declaration.pdf

EuPD Research (Hrsg.). (2007). *Gesundheitsmanagement 2007/08. Strukturen, Strategien und Potenziale deutscher Großunternehmen*. Bonn: Hoehner Research & Consulting Group.

EuPD Research (Hrsg.). (2010). *Gesundheitsmanagement 2010. Strukturen, Strategien und Potenziale deutscher Unternehmen*. Bonn: Hoehner Research & Consulting Group.

EuPD Research (Hrsg.). (2014). *Corporate Health Jahrbuch 2014. Betriebliches Gesundheitsmanagement in Deutschland*. Bonn: Hoehner Research & Consulting Group.

Faller, G. (2012). Was ist eigentlich BGF? In G. Faller (Hrsg.), *Lehrbuch Betriebliche Gesundheitsförderung* (2., vollst. überarb. und erw. Aufl., S. 15–26). Bern: Huber.

Faller, G. (Hrsg.). (2012). *Lehrbuch Betriebliche Gesundheitsförderung* (2., vollst. überarb. und erw. Aufl.). Bern: Huber.

Faller, G. & Faber, U. (2012). Hat BGF eine rechtliche Grundlage? Gesetzliche Anknüpfungspunkte für die Betriebliche Gesundheitsförderung in Deutschland. In G. Faller (Hrsg.), *Lehrbuch Betriebliche Gesundheitsförderung* (2., vollst. überarb. und erw. Aufl., S. 39–52). Bern: Huber.

Figge, F., Hahn, T., Schaltegger, S. & Wagner, M. (2001). *Sustainability Balanced Scorecard. Wertorientiertes Nachhaltigkeitsmanagement mit der Balanced Scorecard*. Lüneburg: Centre for Sustainability Management e.V.

Figge, F., Hahn, T., Schaltegger, S. & Wagner, M. (2002). The Sustainability Balanced Scorecard – linking sustainability management to business strategy. *Business Strategy and the Environment, 11* (5), 269–284.

Fink, C. A. & Heineke, C. (2006). Die Balanced Scorecard mit dem Zielvereinbarungssystem verbinden. In D. Hahn & B. Taylor (Hrsg.), *Strategische Unternehmungsplanung – Strategische Unternehmungsführung. Stand und Entwicklungstendenzen* (9., überarb. Aufl., S. 375–394). Berlin: Springer.

Franke, A. (2012). *Modelle von Gesundheit und Krankheit* (3., überarb. Aufl.). Bern: Huber.

Franzkowiak, P. (2011). Gesundheits-/Krankheits-Kontinuum. In Bundeszentrale für gesundheitliche Aufklärung (Hrsg.), *Leitbegriffe der Gesundheitsförderung und Prävention. Glossar zu Konzepten, Strategien und Methoden* (S. 298–300). Gamburg: Verlag für Gesundheitsförderung.

Freidank, C.-C. & Mayer, E. (Hrsg.). (2003). *Controlling-Konzepte. Neue Strategien und Werkzeuge für die Unternehmenspraxis* (6., vollst. überarb. und erw. Aufl.). Wiesbaden: Gabler.

Friedag, H. R. & Schmidt, W. (2002). *Balanced Scorecard. Mehr als ein Kennzahlensystem* (4. Aufl.). Freiburg i. Br.: Haufe.

Fritz, S. & Richter, P. (2011). Effektivität und Nutzen betrieblicher Gesundheitsförderung. Wie lässt sich beides sinnvoll messen? *Prävention und Gesundheitsförderung, 6* (2), 124–130.

Fröböse, I., Wellmann, H. & Weber, A. (Hrsg.). (2012). *Betriebliche Gesundheitsförderung. Möglichkeiten der betriebswirtschaftlichen Bewertung* (2. Aufl.). Wiesbaden: Universum.

Funkl, E., Tschandl, M. & Heinrich, J. W. (2012). Die Balanced Scorecard als Instrument im Umweltcontrolling. In M. Tschandl & A. Posch (Hrsg.), *Integriertes Umweltcontrolling. Von der Stoffstromanalyse zum Bewertungs- und Informationssystem* (2. Aufl., S. 179–204). Wiesbaden: Gabler.

Gaiser, B. & Greiner, O. (2003). Strategiegerechte Planung mit Hilfe der Balanced Scorecard. In P. Horváth & R. Gleich (Hrsg.), *Neugestaltung der Unternehmensplanung. Innovative Konzepte und erfolgreiche Praxislösungen* (S. 269–295). Stuttgart: Schäffer-Poeschel.

Gamm, N., Hahn, K., Isensee, J. & Seiter, M. (2010). Performance Measurement im Betrieblichen Gesundheitsmanagement. Entwicklung und Anwendung einer Gesundheits-BSC bei der MVV Energie AG. *Controlling, 22* (12), 698–704.

Gladen, W. (2014). *Performance Measurement. Controlling mit Kennzahlen* (6., überarb. Aufl.). Wiesbaden: Springer Gabler.

Gminder, C. U., Bieker, T., Dyllick, T. & Hockerts, K. (2002). Nachhaltigkeitsstrategien umsetzen mit einer Sustainability Balanced Scorecard. In S. Schaltegger & T. Dyllick (Hrsg.), *Nachhaltig managen mit der Balanced Scorecard. Konzept und Fallstudien* (S. 95–147). Wiesbaden: Gabler.

Greiner, B. A. (1998). Der Gesundheitsbegriff. In E. Bamberg, A. Ducki & A.-M. Metz (Hrsg.), *Handbuch Betriebliche Gesundheitsförderung. Arbeits- und organisationspsychologische Methoden und Konzepte* (S. 39–55). Göttingen: Hogrefe.

Greiner, O. (2004). *Strategiegerechte Budgetierung. Anforderungen und Gestaltungsmöglichkeiten der Budgetierung im Rahmen der Strategierealisierung.* München: Vahlen.

Günther, T., Albers, C. & Hamann, M. (2009). Kennzahlen zum Gesundheitscontrolling in Unternehmen. *Controlling & Management, 53* (6), 367–375.

Hahn, D. & Taylor, B. (Hrsg.). (2006). *Strategische Unternehmungsplanung – Strategische Unternehmungsführung. Stand und Entwicklungstendenzen* (9., überarb. Aufl.). Berlin: Springer.

Hahn, T., Wagner, M., Figge, F. & Schaltegger, S. (2002). Wertorientiertes Nachhaltigkeitsmanagement mit einer Sustainability Balanced Scorecard. In S. Schaltegger & T. Dyllick (Hrsg.), *Nachhaltig managen mit der Balanced Scorecard. Konzept und Fallstudien* (S. 43–94). Wiesbaden: Gabler.

Hanappi-Egger, E. (2015). Diversitätsmanagement und CSR. In A. Schneider & R. Schmidpeter (Hrsg.), *Corporate Social Responsibility. Verantwortungsvolle Unternehmensführung in Theorie und Praxis* (2., erg. und erw. Aufl., S. 210–223). Berlin: Springer Gabler.

Hansen, E. G. & Schaltegger, S. (2014). The Sustainability Balanced Scorecard: A Systematic Review of Architectures. *Journal of Business Ethics.* Abgerufen am 16.02.2015 von http://link.springer.com/article/10.1007%2Fs10551-014-2340-3

Hellmann, W. (2007). Einführung Betrieblicher Gesundheitsförderung auf dem Weg zu einem umfassenden Betrieblichen Gesundheitsmanagement – Anregungen zur Planung, Organisation und Umsetzung. In W. Hellmann (Hrsg.), *Gesunde Mitarbeiter als Erfolgsfaktor. Ein neuer Weg zu mehr Qualität im Krankenhaus* (S. 325–367). Heidelberg: Economica.

Hellmann, W. (Hrsg.). (2007). *Gesunde Mitarbeiter als Erfolgsfaktor. Ein neuer Weg zu mehr Qualität im Krankenhaus*. Heidelberg: Economica.

Hollederer, A. (2006). Arbeitslosigkeit, Gesundheit und ungenutzte Potentiale von Prävention und Gesundheitsförderung. In B. Badura, H. Schellschmidt & C. Vetter (Hrsg.), *Fehlzeiten-Report 2005. Arbeitsplatzunsicherheit und Gesundheit* (S. 219–239). Berlin: Springer.

Hoque, Z. (2014). 20 years of studies on the balanced scorecard: Trends, accomplishments, gaps and opportunities for future research. *The British Accounting Review, 46* (1), 33–59.

Horváth, P., Gaiser, B. & Vogelsang, P. (2006). Quo vadis Balanced Scorecard? Implementierungserfahrungen und Anregungen zur Weiterentwicklung. In D. Hahn & B. Taylor (Hrsg.), *Strategische Unternehmungsplanung – Strategische Unternehmungsführung. Stand und Entwicklungstendenzen* (9., überarb. Aufl., S. 151–171). Berlin: Springer.

Horváth, P., Gamm, N. & Isensee, J. (2009). Einsatz der Balanced Scorecard bei der Strategieumsetzung im Betrieblichen Gesundheitsmanagement. In B. Badura, H. Schröder & C. Vetter (Hrsg.), *Fehlzeiten-Report 2008. Betriebliches Gesundheitsmanagement: Kosten und Nutzen* (S. 127–137). Heidelberg: Springer.

Horváth, P., Gamm, N., Möller, K., Kastner, M., Schmidt, B., Iserloh, B. et al. (2009). *Betriebliches Gesundheitsmanagement mit Hilfe der Balanced Scorecard*. Dortmund: Bundesanstalt für Arbeitsschutz und Arbeitsmedizin.

Horváth, P. & Gleich, R. (Hrsg.). (2003). *Neugestaltung der Unternehmensplanung. Innovative Konzepte und erfolgreiche Praxislösungen*. Stuttgart: Schäffer-Poeschel.

Horváth, P., Isensee, J. & Gamm, N. (2010). Strategieorientiertes Controlling im Betrieblichen Gesundheitsmanagement – Stand der Praxis und Lösungsansatz. In M. Kastner (Hrsg.), *Leistungs- und Gesundheitsmanagement – psychische Belastung und Altern, inhaltliche und ökonomische Evaluation. Tagungsband zum 8. Dortmunder Personalforum* (S. 50–71). Lengerich: Pabst.

Horváth, P. & Kaufmann, L. (2006). Beschleunigung und Ausgewogenheit im strategischen Managementprozess – Strategieumsetzung mit Balanced Scorecard. In

D. Hahn & B. Taylor (Hrsg.), *Strategische Unternehmungsplanung – Strategische Unternehmungsführung. Stand und Entwicklungstendenzen* (9., überarb. Aufl., S. 137–150). Berlin: Springer.

Horváth & Partners (Hrsg.). (2007). *Balanced Scorecard umsetzen* (4., überarb. Aufl.). Stuttgart: Schäffer-Poeschel.

Hungenberg, H. (2006). Anreizsysteme für Führungskräfte – Theoretische Grundlagen und praktische Ausgestaltungsmöglichkeiten. In D. Hahn & B. Taylor (Hrsg.), *Strategische Unternehmungsplanung – Strategische Unternehmungsführung. Stand und Entwicklungstendenzen* (9., überarb. Aufl., S. 353–364). Berlin: Springer.

Hungenberg, H. (2014). *Strategisches Management in Unternehmen. Ziele – Prozesse – Verfahren* (8., aktual. Aufl.). Wiesbaden: Springer Gabler.

Hungenberg, H. & Wulf, T. (2003). Gestaltung der Schnittstelle zwischen strategischer und operativer Planung. In P. Horváth & R. Gleich (Hrsg.), *Neugestaltung der Unternehmensplanung. Innovative Konzepte und erfolgreiche Praxislösungen* (S. 249–267). Stuttgart: Schäffer-Poeschel.

Hurrelmann, K. & Franzkowiak, P. (2011). Gesundheit. In Bundeszentrale für gesundheitliche Aufklärung (Hrsg.), *Leitbegriffe der Gesundheitsförderung und Prävention. Glossar zu Konzepten, Strategien und Methoden* (S. 100–105). Gamburg: Verlag für Gesundheitsförderung.

Hurrelmann, K., Klotz, T. & Haisch, J. (2014). Krankheitsprävention und Gesundheitsförderung. In K. Hurrelmann, T. Klotz & J. Haisch (Hrsg.), *Lehrbuch Prävention und Gesundheitsförderung* (4., vollst. überarb. Aufl., S. 13–24). Bern: Huber.

Hurrelmann, K., Klotz, T. & Haisch, J. (Hrsg.). (2014). *Lehrbuch Prävention und Gesundheitsförderung* (4., vollst. überarb. Aufl.). Bern: Huber.

Hurrelmann, K. & Richter, M. (2013). *Gesundheits- und Medizinsoziologie. Eine Einführung in sozialwissenschaftliche Gesundheitsforschung* (8., überarb. Aufl.). Weinheim: Beltz Juventa.

Janssen, P., Kentner, M. & Rockholtz, C. (2004). Balanced Scorecard und betriebliches Gesundheitsmanagement. Den Unternehmenserfolg steigern durch die effiziente Steuerung der Humanressourcen. In M. T. Meifert & M. Kesting (Hrsg.), *Gesundheitsmanagement im Unternehmen. Konzepte – Praxis – Perspektiven* (S. 41–55). Berlin: Springer.

Juglaret, F., Rallo, J. M., Textoris, R., Guarnieri, F. & Garbolino, E. (2011). The contribution of balanced scorecards to the management of occupational health and safety. In C. Bérenguer, A. Grall & C. Guedes Soares (Hrsg.), *Advances in Safety, Reliability and Risk Management. Proceedings of the European Safety and Reliability Conference, ESREL 2011, Troyes, France, 18.-22. September 2011* (S. 1223–1231). Leiden: CRC Press.

Kaminski, M. (2013). *Betriebliches Gesundheitsmanagement für die Praxis. Ein Leitfaden zur systematischen Umsetzung der DIN SPEC 91020*. Wiesbaden: Springer Gabler.

Kamiske, G. F. (Hrsg.). (2012). *Qualitätsmanagement. Digitale Fachbibliothek* (Ergänzungslieferung August 2012). Düsseldorf: Symposion.

Kaplan, R. S. & Norton, D. P. (1992). The balanced scorecard – measures that drive performance. *Harvard Business Review, 70* (1), 71–79.

Kaplan, R. S. & Norton, D. P. (1993). Putting the balanced scorecard to work. *Harvard Business Review, 71* (5), 134–147.

Kaplan, R. S. & Norton, D. P. (1996a). *The balanced scorecard: translating strategy into action*. Boston: Harvard Business School Press.

Kaplan, R. S. & Norton, D. P. (1996b). Using the balanced scorecard as a strategic management system. *Harvard Business Review, 74* (1), 75–85.

Kaplan, R. S. & Norton, D. P. (1997). *Balanced Scorecard. Strategien erfolgreich umsetzen* (Übersetzt von P. Horváth, B. Kuhn-Würfel und C. Vogelhuber). Stuttgart: Schäffer-Poeschel.

Kaplan, R. S. & Norton, D. P. (2001). *Die strategiefokussierte Organisation. Führen mit der Balanced Scorecard* (Übersetzt von P. Horváth und D. Kralj). Stuttgart: Schäffer-Poeschel.

Kaplan, R. S. & Norton, D. P. (2004). *Strategy Maps. Der Weg von immateriellen Werten zum materiellen Erfolg* (Übersetzt von P. Horváth und B. Gaiser). Stuttgart: Schäffer-Poeschel.

Kaplan, R. S. & Norton, D. P. (2009). *Der effektive Strategieprozess. Erfolgreich mit dem 6-Phasen-System* (Übersetzt von B. Hilgner). Frankfurt am Main: Campus.

Kastner, M. (Hrsg.). (2010). *Leistungs- und Gesundheitsmanagement – psychische Belastung und Altern, inhaltliche und ökonomische Evaluation. Tagungsband zum 8. Dortmunder Personalforum.* Lengerich: Pabst.

Kastner, M. & Otte, R. (Hrsg.). (2011). *Empirische Ergebnisse und Zukunftsaspekte im betrieblichen Gesundheitsmanagement.* Lengerich: Pabst.

Keil, U. & Vogt, J. (2012). Balanced Scorecard Gesundheit. In G. Athanassiou, S. Schreiber-Costa & O. Sträter (Hrsg.), *Psychologie der Arbeitssicherheit und Gesundheit. Sichere und gesunde Arbeit erfolgreich gestalten – Forschung und Umsetzung in die Praxis. 17. Workshop 2012* (S. 383–386). Kröning: Asanger.

Kentner, M., Janssen, P. & Rockholtz, C. (2003). Betriebliches Gesundheitsmanagement und Balanced Scorecard. Die Verknüpfung von Prävention und Produktivität bei der Arbeit. *Arbeitsmedizin Sozialmedizin Umweltmedizin, 38* (9), 470–476.

Kesting, M. & Meifert, M. T. (2004). Strategien zur Implementierung des Gesundheitsmanagements im Unternehmen. In M. T. Meifert & M. Kesting (Hrsg.), *Gesundheitsmanagement im Unternehmen. Konzepte – Praxis – Perspektiven* (S. 29–39). Berlin: Springer.

Kirch, W. & Badura, B. (Hrsg.). (2006). *Prävention. Ausgewählte Beiträge des Nationalen Präventionskongresses Dresden, 1. und 2. Dezember 2005.* Heidelberg: Springer.

Klotter, C. (1999). Historische und aktuelle Entwicklungen der Prävention und Gesundheitsförderung. Warum Verhaltensprävention nicht ausreicht. In R. Oesterreich & W. Volpert (Hrsg.), *Psychologie gesundheitsgerechter Arbeitsbedingungen. Konzepte, Ergebnisse und Werkzeuge zur Arbeitsgestaltung* (S. 23–61). Bern: Huber.

Kohte, W. (2001). Arbeitsschutz und betriebliche Gesundheitsförderung. In H. Pfaff & W. Slesina (Hrsg.), *Effektive betriebliche Gesundheitsförderung. Konzepte und methodische Ansätze zur Evaluation und Qualitätssicherung* (S. 53–62). Weinheim: Juventa.

Köper, B., Möller, K. & Zwetsloot, G. (2009). The occupational safety and health scorecard – a business case example for strategic management. *Scandinavian Journal of Work, Environment & Health, 35* (6), 413–420.

Köper, B. & Vogt, J. (2011). Steuerung des Betrieblichen Gesundheitsmanagements mit der Balanced Scorecard. Forschungsstand und Fallstudie in einem produzierenden Großunternehmen. In M. Kastner & R. Otte (Hrsg.), *Empirische Ergebnisse und Zukunftsaspekte im betrieblichen Gesundheitsmanagement* (S. 154–177). Lengerich: Pabst.

Körnert, J. & Wolf, C. (2007). Systemtheorie, Shareholder Value-Konzept und Stakeholder-Konzept als theoretisch-konzeptionelle Bezugsrahmen der Balanced Scorecard. *Controlling & Management, 51* (2), 130–140.

Kreikebaum, H., Gilbert, D. U. & Behnam, M. (2011). *Strategisches Management* (7., vollst. überarb. und erw. Aufl.). Stuttgart: Kohlhammer.

Kromm, W. & Frank, G. (Hrsg.). (2009). *Unternehmensressource Gesundheit. Weshalb die Folgen schlechter Führung kein Arzt heilen kann.* Düsseldorf: Symposion.

Kudernatsch, D. & Fleschhut, P. (Hrsg.). (2005). *Management Excellence. Strategieumsetzung durch innovative Führungs- und Steuerungssysteme.* Stuttgart: Schäffer-Poeschel.

Kuhn, K. (2012). Der Betrieb als gesundheitsförderndes Setting: Historische Entwicklung der Betrieblichen Gesundheitsförderung. In G. Faller (Hrsg.), *Lehrbuch Betriebliche Gesundheitsförderung* (2., vollst. überarb. und erw. Aufl., S. 27–38). Bern: Huber.

Kunz, J. (2009). Der Einfluss der Balanced Scorecard auf Lernprozesse in Unternehmen. *Zeitschrift für Planung & Unternehmenssteuerung, 20* (1), 105–128.

Landau, K. (Hrsg.). (2007). *Lexikon Arbeitsgestaltung. Best Practice im Arbeitsprozess.* Wiesbaden: Universum.

Langhoff, T. (2009). *Den demographischen Wandel im Unternehmen erfolgreich gestalten. Eine Zwischenbilanz aus arbeitswissenschaftlicher Sicht.* Berlin: Springer.

Leatherbarrow, C. (2014). HRM: The added value debate. In G. Rees & P. E. Smith (Hrsg.), *Strategic human resource management. An international perspective* (S. 101–136). London: SAGE.

Lenhardt, U. & Rosenbrock, R. (2014). Prävention und Gesundheitsförderung am Arbeitsplatz. In K. Hurrelmann, T. Klotz & J. Haisch (Hrsg.), *Lehrbuch Prävention und Gesundheitsförderung* (4., vollst. überarb. Aufl., S. 333–344). Bern: Huber.

Lück, P., Eberle, G. & Bonitz, D. (2009). Der Nutzen des betrieblichen Gesundheitsmanagements aus Sicht von Unternehmen. In B. Badura, H. Schröder & C. Vetter (Hrsg.), *Fehlzeiten-Report 2008. Betriebliches Gesundheitsmanagement: Kosten und Nutzen* (S. 77–84). Heidelberg: Springer.

Lueg, R. & Carvalho e Silva, A. L. (2013). When one size does not fit all: a literature review on the modifications of the balanced scorecard. *Problems and Perspectives in Management, 11* (3), 86–94.

Mearns, K. & Havold, J. I. (2003). Occupational health and safety and the balanced scorecard. *The TQM Magazine, 15* (6), 408–423.

Meifert, M. T. & Kesting, M. (Hrsg.). (2004). *Gesundheitsmanagement im Unternehmen. Konzepte – Praxis – Perspektiven.* Berlin: Springer.

Metz, A.-M. (2011). Intervention. In E. Bamberg, A. Ducki & A.-M. Metz (Hrsg.), *Gesundheitsförderung und Gesundheitsmanagement in der Arbeitswelt. Ein Handbuch* (S. 185–219). Göttingen: Hogrefe.

Möller, K., Gamm, N., Braun, M., Iserloh, B., Kastner, M., Kliesch, G. et al. (2008). Strategische Steuerung der betrieblichen Gesundheitsförderung mit Strategy Maps. *Zeitschrift für Management, 3* (3), 247–280.

Morganski, B. (2003). *Balanced Scorecard. Auf dem Weg zum Klassiker* (2., überarb. Aufl.). München: Vahlen.

Müller, A. (2005). *Strategisches Management mit der Balanced Scorecard* (2., überarb. Aufl.). Stuttgart: Kohlhammer.

Müller, R. & Rosenbrock, R. (Hrsg.). (1998). *Betriebliches Gesundheitsmanagement, Arbeitsschutz und Gesundheitsförderung – Bilanz und Perspektiven*. Sankt Augustin: Asgard.

Neufeld, T. (2011). Führung und Gesundheit – Betriebliches Gesundheitsmanagement aus rechtlicher Sicht. In B. Badura, A. Ducki, H. Schröder, J. Klose & K. Macco (Hrsg.), *Fehlzeiten-Report 2011. Führung und Gesundheit* (S. 103–110). Berlin: Springer.

Niven, P. R. (2009). *Balanced Scorecard. Arbeitsbuch* (2. Aufl., übersetzt von J.-C. Gockel, H. Allgeier, W. Drescher und B. Reit). Weinheim: WILEY-VCH.

Nöllenheidt, C. & Brenscheidt, S. (2014). *Arbeitswelt im Wandel. Zahlen – Daten – Fakten*. Ausgabe 2014. Dortmund: Bundesanstalt für Arbeitsschutz und Arbeitsmedizin.

Nørreklit, H. (2000). The balance on the balanced scorecard – a critical analysis of some of its assumptions. *Management Accounting Research, 11* (1), 65–88.

Nørreklit, H. (2003). The balanced scorecard – what is the score? A rhetorical analysis of the balanced scorecard. *Accounting, Organizations and Society, 28* (6), 591–619.

Nørreklit, H., Nørreklit, L., Mitchell, F. & Bjørnenak, T. (2012). The rise of the balanced scorecard! Relevance regained? *Journal of Accounting & Organizational Change, 8* (4), 490–510.

Oechsler, W. A. (2011). *Personal und Arbeit. Grundlagen des Human Resource Management und der Arbeitgeber-Arbeitnehmer-Beziehungen* (9., aktual. und überarb. Aufl.). München: Oldenbourg.

Oesterreich, R. & Volpert, W. (Hrsg.). (1999). *Psychologie gesundheitsgerechter Arbeitsbedingungen. Konzepte, Ergebnisse und Werkzeuge zur Arbeitsgestaltung*. Bern: Huber.

Oppolzer, A. (2010). *Gesundheitsmanagement im Betrieb. Integration und Koordination menschengerechter Gestaltung der Arbeit* (Erw. und aktual. Neuaufl.). Hamburg: VSA.

Paul, H. & Wollny, V. (2014). *Instrumente des strategischen Managements. Grundlagen und Anwendung* (2., aktual. und erw. Aufl.). München: Oldenbourg.

Pfaff, D., Kunz, A. & Pfeiffer, T. (2000). Die Balanced Scorecard als Bemessungs-grundlage finanzieller Anreize – Eine theorie- und empiriegeleitete Analyse der resultierenden Grundprobleme. *Betriebswirtschaftliche Forschung und Praxis, 52* (1), 36–55.

Pfaff, H., Jung, J., Kowalski, C. & Nitzsche, A. (2010). Zustands- und Zusammen-hangskennzahlen für ein schlankes betriebliches Gesundheitsmanagement. In M. Kastner (Hrsg.), *Leistungs- und Gesundheitsmanagement – psychische Belastung und Altern, inhaltliche und ökonomische Evaluation. Tagungsband zum 8. Dort-munder Personalforum* (S. 135–150). Lengerich: Pabst.

Pfaff, H. & Slesina, W. (Hrsg.). (2001). *Effektive betriebliche Gesundheitsförde-rung. Konzepte und methodische Ansätze zur Evaluation und Qualitätssicherung.* Weinheim: Juventa.

Pfetzing, K. & Rohde, A. (2014). *Ganzheitliches Projektmanagement* (5., überarb. Aufl.). Gießen: Dr. Götz Schmidt.

Phillips, P. P. & Phillips, J. J. (2011). *The green scorecard. Measuring the return on investment in sustainability initiatives.* Boston: Nicholas Brealey.

Pratt, D. (2001). *The healthy scorecard. Delivering breakthrough results that em-ployees and investors will love!* Victoria, BC: Trafford.

Probst, G. & Wiedemann, C. (2013). *Strategie-Leitfaden für die Praxis* (2., aktual. Aufl.). Wiesbaden: Springer Gabler.

Rees, G. & Smith, P. E. (Hrsg.). (2014). *Strategic human resource management. An international perspective.* London: SAGE.

Reichmann, T. (2011). *Controlling mit Kennzahlen. Die systemgestützte Control-ling-Konzeption mit Analyse- und Reportinginstrumenten* (8., überarb. und erw. Aufl.). München: Vahlen.

Rieg, R. & Esslinger, A. S. (2012). Die Wirksamkeit der Balanced Scorecard. Eine Analyse empirischer Studien. *Controlling, 24* (10), 568–574.

Rigotti, T. & Mohr, G. (2011). Gesundheit und Krankheit in der neuen Arbeitswelt. In E. Bamberg, A. Ducki & A.-M. Metz (Hrsg.), *Gesundheitsförderung und Ge-sundheitsmanagement in der Arbeitswelt. Ein Handbuch* (S. 61–82). Göttingen: Hogrefe.

Ringlstetter, M. J. & Kaiser, S. (2008). *Humanressourcen-Management*. München: Oldenbourg.

Ritter, A. (2012). Managementsystem für den betrieblichen Arbeitsschutz. In G. F. Kamiske (Hrsg.), *Qualitätsmanagement. Digitale Fachbibliothek*. Ergänzungslieferung August 2012 (S. 1–41). Düsseldorf: Symposion.

Ritter, W. (2003). *Betriebliches Gesundheitsmanagement "erlernen" durch Leitfäden? Organisationstheoretische und betriebspraktische Anforderungsdimensionen an Verfahrenswege im betrieblichen Gesundheitsmanagement*. Bremerhaven: Wirtschaftsverlag NW.

Rosenbrock, R. & Hartung, S. (2011). Gesundheitsförderung und Betrieb. In Bundeszentrale für gesundheitliche Aufklärung (Hrsg.), *Leitbegriffe der Gesundheitsförderung und Prävention. Glossar zu Konzepten, Strategien und Methoden* (S. 231–235). Gamburg: Verlag für Gesundheitsförderung.

Rudow, B. (2011). *Die gesunde Arbeit. Arbeitsgestaltung, Arbeitsorganisation und Personalführung* (2., vollst. überarb. Aufl.). München: Oldenbourg.

Schäffer, U. (2003a). Strategische Steuerung mit der Balanced Scorecard. In C.-C. Freidank & E. Mayer (Hrsg.), *Controlling-Konzepte. Neue Strategien und Werkzeuge für die Unternehmenspraxis* (6., vollst. überarb. und erw. Aufl., S. 485–517). Wiesbaden: Gabler.

Schäffer, U. (2003b). Wie viel Kontrolle braucht die Planung? In P. Horváth & R. Gleich (Hrsg.), *Neugestaltung der Unternehmensplanung. Innovative Konzepte und erfolgreiche Praxislösungen* (S. 149–164). Stuttgart: Schäffer-Poeschel.

Schäffer, U. (2005). Strategie und Budgetierung – wie kann zusammenwachsen, was zusammen gehört? In D. Kudernatsch & P. Fleschhut (Hrsg.), *Management Excellence. Strategieumsetzung durch innovative Führungs- und Steuerungssysteme* (S. 403–417). Stuttgart: Schäffer-Poeschel.

Schäffer, U. & Matlachowsky, P. (2008). Warum die Balanced Scorecard nur selten als strategisches Managementsystem genutzt wird. Eine fallstudienbasierte Analyse der Entwicklung von Balanced Scorecards in deutschen Unternehmen. *Zeitschrift für Planung & Unternehmenssteuerung, 19* (2), 207–232.

Schaltegger, S. & Dyllick, T. (Hrsg.). (2002). *Nachhaltig managen mit der Balanced Scorecard. Konzept und Fallstudien.* Wiesbaden: Gabler.

Schmeisser, W. & Clausen, L. (2009). *Controlling und Berliner Balanced Scorecard Ansatz.* München: Oldenbourg.

Schmidt, B., Gamm, N., Bucksch, J., Borowczak, A., Höcke, A., Isensee, J. et al. (2010). Implikationen für die Strategieumsetzung im betrieblichen Leistungs- und Gesundheitsmanagement in der Wissensarbeit. Eine empirische Überprüfung des Strategy Map-Konzepts. *Wirtschaftspsychologie, 12* (3), 79–89.

Schmidt, B. & Kastner, M. (2011). Wie Leistung und Gesundheit strategisch zusammengeführt werden können. Ursache-Wirkungsbeziehungen im Leistungs- und Gesundheitsmanagement. In M. Kastner & R. Otte (Hrsg.), *Empirische Ergebnisse und Zukunftsaspekte im betrieblichen Gesundheitsmanagement* (S. 110–142). Lengerich: Pabst.

Schmidt, J. & Schröder, H. (2010). Präsentismus. Krank zur Arbeit aus Angst vor Arbeitsplatzverlust. In B. Badura, H. Schröder, J. Klose & K. Macco (Hrsg.), *Fehlzeiten-Report 2009. Arbeit und Psyche: Belastungen reduzieren – Wohlbefinden fördern* (S. 93–100). Heidelberg: Springer.

Schneider, A. & Schmidpeter, R. (Hrsg.). (2015). *Corporate Social Responsibility. Verantwortungsvolle Unternehmensführung in Theorie und Praxis* (2., erg. und erw. Aufl.). Berlin: Springer Gabler.

Schneider, W. (2010). Die Bedeutung psychischer und psychosomatischer Erkrankungen für die berufliche Leistungsfähigkeit. In M. Kastner (Hrsg.), *Leistungs- und Gesundheitsmanagement – psychische Belastung und Altern, inhaltliche und ökonomische Evaluation. Tagungsband zum 8. Dortmunder Personalforum* (S. 34–49). Lengerich: Pabst.

Schraub, E. M., Sonntag, K., Büch, V. & Stegmaier, R. (2010). Der Gesundheitsindex. In K. Sonntag, R. Stegmaier & U. Spellenberg (Hrsg.), *Arbeit, Gesundheit, Erfolg. Betriebliches Gesundheitsmanagement auf dem Prüfstand: Das Projekt BiG* (S. 73–86). Kröning: Asanger.

Schraub, E. M., Stegmaier, R., Sonntag, K., Büch, V., Michaelis, B. & Spellenberg, U. (2009). Bestimmung des ökonomischen Nutzens eines ganzheitlichen Gesundheitsmanagements. In B. Badura, H. Schröder & C. Vetter (Hrsg.), *Fehlzeiten-Report 2008. Betriebliches Gesundheitsmanagement: Kosten und Nutzen* (S. 101–110). Heidelberg: Springer.

Schreyögg, G. & Steinmann, H. (1985). Strategische Kontrolle. *Zeitschrift für betriebswirtschaftliche Forschung, 37* (5), 391–410.

Schuler, H. & Moser, K. (Hrsg.). (2014). *Lehrbuch Organisationspsychologie* (5., vollst. überarb. Aufl.). Bern: Huber.

Selig, R. (2011). *Arbeitnehmerdatenschutz. Das Datenschutzrecht im Spannungsverhältnis von Mitarbeiterkontrolle und Arbeitnehmerinteressen.* Berlin: Logos.

Semmer, N. K. & Meier, L. L. (2014). Bedeutung und Wirkung von Arbeit. In H. Schuler & K. Moser (Hrsg.), *Lehrbuch Organisationspsychologie* (5., vollst. überarb. Aufl., S. 559–604). Bern: Huber.

Siller, H. & Cibak, L. (2014). Betriebswirtschaftliche Aspekte von Gesundheit und betrieblichem Gesundheitsmanagement. In J. Stierle & A. Vera (Hrsg.), *Handbuch Betriebliches Gesundheitsmanagement. Unternehmenserfolg durch Gesundheits- und Leistungscontrolling* (S. 151–194). Stuttgart: Schäffer-Poeschel.

Slesina, W. (2001). Formen betrieblicher Gesundheitsförderung: Bedarf an Evaluation und Qualitätssicherung. In H. Pfaff & W. Slesina (Hrsg.), *Effektive betriebliche Gesundheitsförderung. Konzepte und methodische Ansätze zur Evaluation und Qualitätssicherung* (S. 17–26). Weinheim: Juventa.

Sockoll, I., Kramer, I. & Bödeker, W. (2008). *Wirksamkeit und Nutzen betrieblicher Gesundheitsförderung und Prävention. Zusammenstellung der wissenschaftlichen Evidenz 2000 bis 2006.* IGA-Report 13. Essen: BKK Bundesverband; BGAG – Institut Arbeit und Gesundheit der Deutschen Gesetzlichen Unfallversicherung; AOK-Bundesverband; Verband der Ersatzkassen e.V.

Sonntag, K. & Stegmaier, R. (2015). Creating value through occupational health management. In M. Andresen & C. Nowak (Hrsg.), *Human resource management practices. Assessing added value* (S. 125–145). Cham: Springer.

Sonntag, K., Stegmaier, R. & Spellenberg, U. (Hrsg.). (2010). *Arbeit, Gesundheit, Erfolg. Betriebliches Gesundheitsmanagement auf dem Prüfstand: Das Projekt BiG.* Kröning: Asanger.

Sozialgesetzbuch Fünftes Buch (SGB V) vom 20. Dezember 1988 (BGBl. I S. 2477-2482), zuletzt geändert durch Artikel 5 des Gesetzes vom 23. Dezember 2014 (BGBl. I S. 2462).

Sozialgesetzbuch Neuntes Buch (SGB IX) vom 19. Juni 2001 (BGBl. I S. 1046-1047), zuletzt geändert durch Artikel 1a des Gesetzes vom 7. Januar 2015 (BGBl. II S. 15).

Speckbacher, G., Bischof, J. & Pfeiffer, T. (2003). A descriptive analysis on the implementation of Balanced Scorecards in German-speaking countries. *Management Accounting Research, 14* (4), 361–387.

Staehle, W. H., Conrad, P. & Sydow, J. (1999). *Management. Eine verhaltenswissenschaftliche Perspektive* (8., überarb. Aufl.). München: Vahlen.

Statistisches Bundesamt. (2015). *Bevölkerung Deutschlands bis 2060. 13. koordinierte Bevölkerungsvorausberechnung.* Wiesbaden. Abgerufen am 02.05.2015 von https://www.destatis.de/DE/Publikationen/Thematisch/Bevoelkerung/VorausberechnungBevoelkerung/BevoelkerungDeutschland2060Presse5124204159004.pdf?__blob=publicationFile

Steinke, M. & Badura, B. (2011). *Präsentismus. Ein Review zum Stand der Forschung.* Dortmund: Bundesanstalt für Arbeitsschutz und Arbeitsmedizin.

Steinle, C. (2005). *Ganzheitliches Management. Eine mehrdimensionale Sichtweise integrierter Unternehmungsführung.* Wiesbaden: Gabler.

Steinle, C., Thiem, H. & Lange, M. (2001). Die Balanced Scorecard als Instrument zur Umsetzung von Strategien. Praxiserfahrungen und Gestaltungshinweise. *Controller Magazin, 26* (1), 29–37.

Stephan, M. B. (2014). *Strategietransformation. Entwicklung eines Verfahrens zur effektiven Umsetzung von Strategien.* Wiesbaden: Springer Gabler.

Stierle, J. & Vera, A. (Hrsg.). (2014). *Handbuch Betriebliches Gesundheitsmanagement. Unternehmenserfolg durch Gesundheits- und Leistungscontrolling.* Stuttgart: Schäffer-Poeschel.

Thiehoff, R. (2000). *Betriebliches Gesundheitsschutzmanagement. Möglichkeiten erfolgreicher Interessenbalance.* Berlin: Erich Schmidt.

Thiehoff, R. (2004). Wirtschaftlichkeit des betrieblichen Gesundheitsmanagement – Zum Return on Investment der Balance zwischen Lebens- und Arbeitswelt. In M. T. Meifert & M. Kesting (Hrsg.), *Gesundheitsmanagement im Unternehmen. Konzepte – Praxis – Perspektiven* (S. 57–77). Berlin: Springer.

Thul, M. J. (2009). Gesunde Mitarbeiter – Ziel nachhaltiger Unternehmensführung. In W. Kromm & G. Frank (Hrsg.), *Unternehmensressource Gesundheit. Weshalb die Folgen schlechter Führung kein Arzt heilen kann* (S. 133–179). Düsseldorf: Symposion.

Thul, M. J. (2012). Qualitäts- und Betriebliches Gesundheitsmanagement: Integration, Ergänzung oder Gegensatz? In G. Faller (Hrsg.), *Lehrbuch Betriebliche Gesundheitsförderung* (2., vollst. überarb. und erw. Aufl., S. 215–226). Bern: Huber.

Tonnesen, C. T. (2000). Die HR-Balanced Scorecard als Ansatz eines modernen Personalcontrolling. In K.-F. Ackermann (Hrsg.), *Balanced Scorecard für Personalmanagement und Personalführung. Praxisansätze und Diskussion* (S. 77–100). Wiesbaden: Gabler.

Tschandl, M. & Posch, A. (Hrsg.). (2012). *Integriertes Umweltcontrolling. Von der Stoffstromanalyse zum Bewertungs- und Informationssystem* (2. Aufl.). Wiesbaden: Gabler.

Udris, I. (2006). Salutogenese in der Arbeit – ein Paradigmenwechsel? *Wirtschaftspsychologie, 8* (2/3), 4–13.

Ueberle, M. & Greiner, W. (2009). Rentabilität von Sozialkapital im Betrieb. In B. Badura, H. Schröder & C. Vetter (Hrsg.), *Fehlzeiten-Report 2008. Betriebliches Gesundheitsmanagement: Kosten und Nutzen* (S. 55–63). Heidelberg: Springer.

Uhle, T. & Treier, M. (2013). *Betriebliches Gesundheitsmanagement. Gesundheitsförderung in der Arbeitswelt – Mitarbeiter einbinden, Prozesse gestalten, Erfolge messen* (2., überarb. Aufl.). Berlin: Springer.

Ulich, E. (2011). *Arbeitspsychologie* (7., neu überarb. und aktual. Aufl.). Stuttgart: Schäffer-Poeschel.

Ulich, E. & Wülser, M. (2015). *Gesundheitsmanagement in Unternehmen. Arbeitspsychologische Perspektiven* (6., überarb. und erw. Aufl.). Wiesbaden: Springer Gabler.

VDI Technologiezentrum & Fraunhofer ISI. (2014). *Gesellschaftliche Entwicklungen 2030 – 60 Trendprofile gesellschaftlicher Entwicklungen. BMBF-Foresight-Zyklus II, Suchphase 2012-2014.* Im Auftrag des Bundesministeriums für Bildung und Forschung. Abgerufen am 21.02.2015 von http://www.bmbf.de/pubRD/BMBF_140808-02_BMBF-Foresight_2_Zwischenergebnis-1_V01_barrierefrei.pdf

Waldkirch, R. (2002). Balanced Scorecard als strategisches Managementsystem einer strategiefokussierten Organisation. *Kostenrechnungspraxis, 46* (5), 319–325.

Wall, F. (2001). Ursache-Wirkungsbeziehungen als zentraler Bestandteil der Balanced Sorecard. *Controlling, 13* (2), 65–74.

Walter, U. & Münch, E. (2009). Die Bedeutung von Fehlzeitenstatistiken für die Unternehmensdiagnostik. In B. Badura, H. Schröder & C. Vetter (Hrsg.), *Fehlzeiten-Report 2008. Betriebliches Gesundheitsmanagement: Kosten und Nutzen* (S. 139–154). Heidelberg: Springer.

Waniczek, M. & Werderits, E. (2006). *Sustainability Balanced Scorecard. Nachhaltigkeit in der Praxis erfolgreich managen – mit umfangreichem Fallbeispiel* (1., durchges. Aufl.). Wien: Linde.

Weber, J. & Schäffer, U. (2000). *Balanced Scorecard & Controlling. Implementierung – Nutzen für Manager und Controller – Erfahrungen in deutschen Unternehmen* (3., überarb. Aufl.). Wiesbaden: Gabler.

Weber, J. & Schäffer, U. (2014). *Einführung in das Controlling* (14., überarb. und aktual. Aufl.). Stuttgart: Schäffer-Poeschel.

Welge, M. K. & Al-Laham, A. (2012). *Strategisches Management. Grundlagen – Prozess – Implementierung* (6., aktual. Aufl.). Wiesbaden: Springer Gabler.

Wellmann, H. (2012a). *Einsatz der Balanced Scorecard in der betrieblichen Gesundheitspolitik.* Arbeitspapier 266. Düsseldorf: Hans-Böckler-Stiftung.

Wellmann, H. (2012b). Das 5-Stufen-Modell zur ökonomischen Evaluation der Betrieblichen Gesundheitsförderung. In I. Froböse, H. Wellmann & A. Weber

(Hrsg.), *Betriebliche Gesundheitsförderung. Möglichkeiten der betriebswirtschaftlichen Bewertung* (2. Aufl., S. 65–199). Wiesbaden: Universum.

Westermayer, G. & Stein, B. A. (2006). *Produktivitätsfaktor Betriebliche Gesundheit.* Göttingen: Hogrefe.

World Health Organization. (1948). *Official Records of the World Health Organization No. 2. Proceedings and Final Acts of the International Health Conference held in New York from 19 June to 22 July 1946.* New York. Abgerufen am 06.02.2015 von http://whqlibdoc.who.int/hist/official_records/2e.pdf

World Health Organization. (1986). *Ottawa-Charta zur Gesundheitsförderung.* Genf. Abgerufen am 16.02.2015 von http://www.euro.who.int/__data/assets/pdf_file/0006/129534/Ottawa_Charter_G.pdf

Zimolong, B., Elke, G. & Bierhoff, H.-W. (2008). *Den Rücken stärken. Grundlagen und Programme der betrieblichen Gesundheitsförderung.* Göttingen: Hogrefe.

Zink, K. J. (2004). *TQM als integratives Managementkonzept. Das EFQM Excellence Modell und seine Umsetzung* (2., vollst. überarb. und erw. Aufl.). München: Hanser.

Zink, K. J. & Thul, M. J. (1998). Gesundheitsassessment – ein methodischer Ansatz zur Bewertung von Gesundheitsförderungsmaßnahmen. In R. Müller & R. Rosenbrock (Hrsg.), *Betriebliches Gesundheitsmanagement, Arbeitsschutz und Gesundheitsförderung – Bilanz und Perspektiven* (S. 327–348). Sankt Augustin: Asgard.

Zink, K. J. & Thul, M. J. (2007). Betriebliches Gesundheitsmanagement. In K. Landau (Hrsg.), *Lexikon Arbeitsgestaltung. Best Practice im Arbeitsprozess* (S. 333–336). Wiesbaden: Universum.

Zink, K. J., Thul, M. J., Hoffmann, J. & Fleck, A. (2009). Integratives Betriebliches Gesundheitsmanagement – ein Kooperationsprojekt des Instituts für Technologie und Arbeit und der AOK – Die Gesundheitskasse in Hessen. Umsetzung und Evaluation unter Berücksichtigung einer Stakeholderperspektive. In B. Badura, H. Schröder & C. Vetter (Hrsg.), *Fehlzeiten-Report 2008. Betriebliches Gesundheitsmanagement: Kosten und Nutzen* (S. 171–186). Heidelberg: Springer.

ibidem-Verlag

Melchiorstr. 15

D-70439 Stuttgart

info@ibidem-verlag.de

www.ibidem-verlag.de
www.ibidem.eu
www.edition-noema.de
www.autorenbetreuung.de

www.ingramcontent.com/pod-product-compliance
Lightning Source LLC
Chambersburg PA
CBHW061829220326
41599CB00027B/5238